豆豆

小屋奇事

——少年化学家

张赶生\著

山东教育出版社

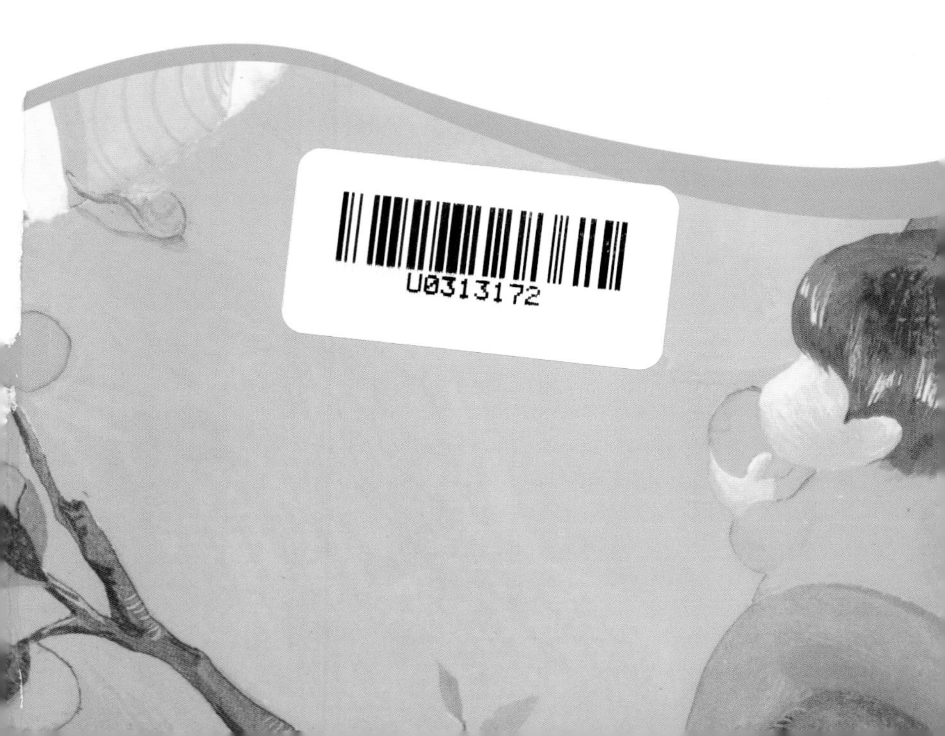
U0313172

图书在版编目(CIP)数据

豆豆小屋奇事:少年化学家/张赶生著. —济南:山东教育出版社,2015

(少年科学家丛书)

ISBN 978—7—5328—9133—7

Ⅰ.豆... Ⅱ.①张.... Ⅲ.①化学—少年读物 Ⅳ.①06—49

中国版本图书馆 CIP 数据核字(2015)第 236558 号

少年科学家丛书

豆豆小屋奇事——少年化学家

张赶生 著

主　　管:山东出版传媒股份有限公司

出 版 者:山东教育出版社

(济南市纬一路 321 号　邮编:250001)

电　　话:(0531)82092664　传真:(0531)82092625

网　　址:www. sjs. com. cn

发 行 者:山东教育出版社

印　　刷:山东继东彩艺印刷有限公司

版　　次:2016 年 4 月第 1 版第 1 次印刷

规　　格:787mm×1092mm　32 开本

印　　张:7. 125 印张

字　　数:137 千字

书　　号:ISBN 978—7—5328—9133—7

定　　价:20. 00 元

(如印装质量有问题,请与印刷厂联系调换)

电话:0531—87160055

《少年科学家丛书》编委会

于启斋　王奉安　王敬东
刘兴诗　李　青　李毓佩
国　力　张赶生　张容真
星　河　徐清德　董仁威

张赶生，男，笔名龚常，牛一。1948 年生于武汉，祖籍湖北省孝感市。中国科普作家协会、湖北省科普作家协会、武汉作家协会会员。20 世纪 70 年代末开始儿童文学和儿童科学文艺创作至今，不辍笔耕。多部作品获国家、省、市级奖。除数十万字的短篇作品外，近年创作的长篇科学文艺及儿童文学作品有《数学王国历险记》、《化学王国历险记》、《纳米绝密》、《破译 MJ》、《VR 侦探所》、《LSI 历险记》、《呼叫 8054》、《AU 行动组》、《百慕大深渊》、《DNA 魔影》、《毁灭硝烟》、《挺进黑洞》、《外星人秘笈》以及与人合作的长篇纪实作品《走近院士》等。

这个故事像童话，可是，的确是一个故事，一个充满传奇色彩的当代故事。

豆豆小屋周围的人和事，都有些“奇”：空瓶子一晃荡，就有了名牌饮料；想哭的人却偏偏哭不起来，被迫傻笑；一个普通的通信工具，竟然差点儿毁掉一幢现代化大建筑；买到的鸡蛋，不用“挑刺”，里头就有了鱼骨头；娃娃的尿布，还有人偷窃，成了警察最头疼的盗窃案件……

豆豆小屋经历的时代悠久。一位沙场英雄娶了小屋的一位姑娘，留下了一副精美的对联，成就了它的创业人的美名。

一群中学生和豆豆小屋当今的主人们，学以致用，在生活的磨炼中增长了才干，学会了科学的生活方式。

读着故事，你会有身临其境的感觉，好像这些人和事就在你的身旁。你会觉得，这些小伙伴能做到的，你也能行。

目 录

引　子

这里，是一个城乡搭界的地方，传说早在太平天国时期，这儿有户姓姑的南方老汉带着一个叫豆豆的女儿，开了一间小豆腐作坊。姑老汉为人和善，从不和邻里红脸，山前山后，湖上湖岸，谁家有什么大小事需要帮助，他从不推诿。小作坊出的豆浆豆腐从不掺假，十里八乡的人们都爱光顾。姑老汉中年丧妻没有再娶，膝下的豆豆姑娘个儿不高，却长得眉清目秀，乡亲们把这间小作坊称做“豆豆小屋”。

豆豆小屋依山傍水，清静宜人。门前是波光粼粼的姑姑湖，屋后是林木茂密的姑姑山。姑姑山海拔不高，却山峦起伏，沟壑交互。山涧常年溪水淙淙。那清澈的溪水流经豆豆小屋的后院，就成了豆豆浸泡黄豆打豆腐的“原浆”。这条溪水流下山后，汇入姑姑湖，沿湖的老百姓靠水吃水，或养鱼，或栽藕，或酿酒。不过，谁也没有豆豆小屋的名气大。不仅因为豆豆小屋打出的豆腐清香爽口，质嫩色亮，而且与豆豆姑娘的身世有关。

原来，豆豆自己做主嫁给了太平军一位战功赫赫的首领。那位首领亲笔给这个小作坊写了一副对联：

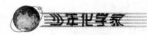

豆豆小屋豆浆豆腐两双巧手

姑姑大山姑父姑女一家亲人

如今，豆豆小屋不复存在。千禧年后，当地政府开发旅游资源，在姑姑山半山腰的豆豆小屋原址，重造了一间“豆豆小屋”，在一旁建造了一幢仿古酒楼“姑姑山庄”，搞起了旅游特色菜小饭庄。

人造的景点毕竟不是天然的胜迹，游客们不把它作数。当地旅游主管部门舍不得让豆豆小屋空闲着，于是，今天出租给你，明天出租给他，成了姑姑山上的一个门面。

前进后出的人家多了，豆豆小屋的故事也多了。

围绕豆豆小屋、姑姑山和姑姑湖，就有了一个接一个离奇古怪的故事……

① 豆浆小西施救命

星期六，古大明约上同班好友雷剑和朱克美，一起到豆豆小屋去找瞿晶晶。

现在，让我们熟悉一下这个故事里的几位主角吧。

女孩瞿晶晶，外来务工人员子女，全班女孩子中，她长得最漂亮。个子不高，扎两根翘翘辫，说话细声细气。最漂亮的是那双大眼睛，长长的睫毛，远看就像化淡妆描上去的眼线一样。再因为她常常帮助妈妈推销姑山豆浆，同学们叫她“豆浆西施”①。晶晶是班上的化学课代表，成绩特优，老师和同学都喜欢她。

瞿晶晶最要好的女友是学习委员朱克美。不过，与晶晶不一样，克美长得五大三粗，脸蛋儿也大，个子有

① 豆浆西施：西施，春秋时越国的美女，后来用以泛称一般美女。鲁迅小说《故乡》里的杨二嫂被称为“豆腐西施”：“我孩子时候，在斜对门的豆腐店里确乎终日坐着一个杨二嫂，人都叫伊‘豆腐西施’。但是擦着白粉，颧骨没有这么高，嘴唇也没有这么薄，而且终日坐着，我也从没有见过这圆规式的姿势。那时人说：因为伊，这豆腐店的买卖非常好。但这大约因为年龄的关系，我却并未蒙着一毫感化，所以竟完全忘却了。”同学们叫瞿晶晶“豆浆西施”，显然是借用这个典故，有赞美意味。

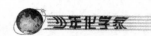

点儿像内蒙草原上的牧民，于是就有了一个不雅的外号“老克”。老克嗓门儿大，性格直率，力气也大，班上的脏活累活，常常是她的专利。

古大明，这个班的班长，高挑个儿，平头，国字大脸，脸上总免不了几颗“青春痘”，同学们叫他“大豆”。大豆兴趣广泛，他常对好友说：“咱这辈子难得当什么‘专家’，但一定要学着做个‘杂家’。”

雷剑什么官都不是，体育好，跑跳投掷，运动会的几个项目第一名他包揽一半，还打得一手漂亮的乒乓球。别看他精瘦精瘦的，皮肤也黑，体质却棒得很，三九寒冬从不穿棉袄，也没听他闹什么三痛两热的毛病。他的外号多：黑皮、雷子、猴子。使用频率最高的就是“雷子”。

古大明带着他们上山来找瞿晶晶，不是串门儿，而是想“偷窥”她家做豆浆打豆腐的绝活儿。

班上课间餐的质量越来越不行了。特别是豆奶，同学们都不爱喝，班长古大明在班委会上说：

“常言道，近水楼台先得月。咱班化学课代表瞿晶晶的妈妈，号称咱这块儿的‘豆豆大师’，做出的豆浆香遍姑姑湖，打出的豆腐又白又嫩，我们何不前往求艺呢?”

班主任孙浩老师说：“嗯，好主意。不过，人家的绝活儿恐怕不会轻易泄漏的，你们先去做做瞿晶晶的思想工作，看看情况再说。”

“行!”古大明说，“我和朱克美都跟瞿晶晶关系不

错，另外，雷剑也是外来户子女，把他带上，看看晶晶能不能给点儿面子。”

就这样，古大明、雷剑、朱克美相邀一块儿上山来了。

瞿晶晶的爸爸租用了豆豆小屋。

晶晶的爸爸原来在一家企业的技工学校当化学教师，后来，企业倒闭，他也下岗，就举家来这里，租用了姑姑山的豆豆小屋卖旅游纪念品，主营水晶制品。

晶晶的妈妈则在山下的一家豆制品作坊当师傅，专营特色豆浆和豆腐。

爸爸特意以晶晶的名字和自家经营特色为题，写了一副对联，贴在豆豆小屋原来对联的两旁：

晶晶小屋晶镯晶链一柜珍宝

豆豆大师豆浆豆腐两样美鲜

古大明他们到豆豆小屋门前，看到晶晶的爸爸在柜台后边张罗着，两位女青年游客正在挑选水晶镯子和水晶项链。

古大明主动向晶晶的爸爸问好：

“瞿叔叔好！”

“噢，大明啊，还有雷子和克美。你们找晶晶吗？她在后院。”

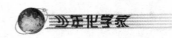

3 个人刚进后院，就听见瞿晶晶银铃般的笑声。

小院里一张干净的小桌子上，放满了瓶瓶罐罐和杯子、碗。晶晶系着围裙，看模样，正在忙活着做什么实验。见同学们来了，她取下沾满白色豆浆的袖套，笑吟吟地招呼大家。

“嘻嘻，我知道你们要来。”晶晶让他们坐在两张长凳上，“无事不登三宝殿，有事找我?”

朱克美问：“你妈妈呢?”

“在作坊上班啊。”晶晶说着，也坐在旁边，“想喝点儿什么?”

雷剑说：“当然是豆浆啦。”

“哟，不巧。天热，早上的豆浆全卖完了。”

“那就现做几杯吧。”古大明说，“大老远上山，我们口渴得很呢。”

晶晶犹豫了一下，说：“这……我妈妈不在……”

“咦?”大明不依，“小西施，你这点儿本事都没有吗？做点儿豆浆还要通过你妈妈批准?”

“哪儿的话?”晶晶反驳说，“我是说……”

朱克美接过话茬：“得得得，别找歪[1]，我们就是冲着你的特色豆浆来的。”

---

① 找歪：江南地区方言，意思是找搪塞的理由或者挑刺，相当于找茬儿的意思。这里的意思是前者。

晶晶想了想，“扑哧”一笑，起身说：“好吧，我快速做点儿豆浆给你们喝。”

只见晶晶拿着一只无色透明的瓶子，里面装着大半瓶清水，然后用橡皮塞盖好。

“你们不是要喝我的豆浆吗？这瓶姑姑山的泉水，马上就能变成豆浆！”

说完，只见她轻轻地摇晃一下瓶子，说声“变”，瓶中的清水立刻变成了乳白色。

雷剑要上前夺瓶子，晶晶故意闪开了，抿着嘴笑。

雷剑惊讶不已：“我的妈呀，难怪你妈妈被称做‘豆豆大师’，原来有这种‘快速制浆法’呀。”

朱克美也纳闷，问：“晶晶，这是你妈妈的绝活儿吧？”

古大明好奇怪：刚才还是半瓶清水，现在怎么就成豆浆了呢？不敢不信，也不敢全信，瞪着眼睛没说话。

因为他们仨从来没亲眼见过豆浆和豆腐是怎样做的。

“你们敢喝我做的豆浆吗？”

“你做的王牌豆浆，我们怎么不敢喝呢？”雷剑又要伸手。

谁知晶晶一转身，那瓶子在她怀里晃荡了几下，满瓶乳白色豆浆忽然没了，又变成了刚才那瓶清水。

“啊哟！”大明叫起来，“你变的什么魔术啊？”

克美惊讶得拍手顿脚：“好厉害！强将手下无弱兵！”

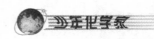

雷剑说："难怪你爸爸敢写那样的门联，牛皮不是吹的！"

晶晶把那瓶子放回到桌上，得意地笑着说："那当然，'豆豆大师豆浆豆腐两样美鲜'，不过，本人刚才做的'豆浆'有毒，千万喝不得，只能'挂眼科'瞧一瞧。"

听她说到这里，大明首先醒悟，一拍大腿，站起身说："好个'豆浆小西施'！用化学反应来蒙我们哪！看我们不惩罚你！"

"咯咯……"

3 个伙伴追得晶晶满院子跑。

这是怎么回事呢？

原来，早上下大雨，姑姑山流下的水稍稍混浊点儿，晶晶使用明矾（化学名称叫十二水合硫酸铝钾）澄清了泥沙，因为明矾溶解于水，所以瓶中仍然是无色透明的清水。当她喊"变"的时候，由于轻轻地摇晃一下瓶子，将粘在橡皮塞凹陷处的火碱片（化学名称叫氢氧化钠）溶解在清水里了。这时，火碱与明矾发生化学反应而生成乳白色的沉淀物氢氧化铝，清水就变成乳白色溶液[①]的"豆浆"了。

晶晶为躲避雷剑而转身后，瓶子被她用力摇荡了几

---

① 乳白色溶液，反应如下：$2KAl(SO_4)_2+6NaOH=3Na_2SO_4+K_2SO_4+2Al(OH)_3$（乳白色）

下，这时瓶中的液体又将橡皮塞中凹陷处的全部火碱片溶解掉，火碱和氢氧化铝继续发生化学反应，生成溶解于水的无色的偏铝酸钠，这就使乳白色“豆浆”又变为清的了[①]。

这时，前面柜台传来一个姑娘的声音，立刻，人就进到后院来了。

来人是姑姑山庄的打工妹余瑛。

“晶晶妹妹，求你帮个忙。”余瑛进了院子，没和其他同学打招呼，径直走到晶晶跟前。

晶晶热情地叫她：“瑛子姐姐，有什么事?”

“给我一点儿卤水[②]，行吗?”余瑛穿一身干净的山庄制服，满脸倦色，勉强笑了笑。

“可以，干什么用?”

“厨房师傅让我来要一罐子卤水，打豆腐用。”

晶晶吃惊地问：“要那么多卤水干吗？一罐子卤水打一年豆腐都用不完呢。”

“那……你看着给吧。”

“给你们一杯就足够了。可别怪我舍不得。”

“行，一杯就一杯。”余瑛勉强笑了笑，“我们可不还

---

① “豆浆”又变为清的，反应如下：$Al(OH)_3 + NaOH = NaAlO_2 + 2H_2O$

② 卤水：又称盐卤，是由水和溶解于水的盐类构成的，主要成分为氯化镁、氯化钠和一些金属离子，是制作食盐过程中渗滤出来的液体。

的呀。"

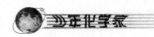

"瞧你说的，瑛子姐，又不是啥稀罕物，说啥还不还的呀!"

余瑛端着晶晶用搪瓷杯盛的卤水，轻轻道了声"谢"，回去了。

这时，3个同学对卤水来了兴趣，七嘴八舌问晶晶，卤水和打豆腐有什么关系。

"你们知道豆腐是怎样打出来的吗?"晶晶问。

3位异口同声："不知道。"

古大明还加了一句："更不知道你们家'豆豆大师'怎样做豆浆。"

古大明的心眼儿，克美和雷剑明白：他在套话，想轻轻松松套出晶晶家的祖传秘方呢。

晶晶没有察觉，说："来，我们家有一套简单的做豆浆和豆腐的家什，我给你们讲讲打豆腐和卤水的事儿吧。"

"简单来说，做豆腐的过程是这样的，"晶晶介绍说，"用水把黄豆浸胀，磨成豆浆。这时的豆浆里混着黄豆渣，要用密密的纱布把豆渣过滤出来，滴到盆子里的白浆，就是生豆浆。然后呢，把生豆浆倒进锅子里煮沸。这就是我们喝的豆浆了，也就是熟豆浆。假如想吃豆腐，只要点卤就行了。什么是'点卤'呢?也就是往煮沸的豆浆里加入盐卤。这时，就有许多白花花的东西析出来，再用细纱布把它们裹起来，滤掉水分，就制成了豆腐。”

克美问：“做豆腐为什么要点卤呢？”

晶晶不愧是化学课代表，说起这个原理来既准确又简洁：“黄豆最主要的化学成分是蛋白质。蛋白质是由氨基酸所组成的高分子化合物①，蛋白质表面带有自由的羧基和氨基。由于这些基②对水的作用，使蛋白质颗粒表面形成一层带有相同电荷的水膜的胶体物质，使颗粒相互隔离，不会因碰撞而黏结下沉。

“点卤时，由于盐卤是电解质，它们在水里会分解成许多带电的小颗粒——正离子与负离子。由于这些离子③的水化作用夺取了蛋白质的水膜，以致没有足够的水来溶解蛋白质。另外，盐的正负离子抑制了由于蛋白质表面所带电荷而引起的斥力，这样使蛋白质的溶解度降低，而颗粒相互凝聚沉淀。这时，豆浆里就出现了许多白花花的东西了。

“盐卤里有许多电解质，主要是钙、镁等金属离子，

---

① 高分子化合物：顾名思义，高分子的分子内含有非常多的原子，以化学键相连接，因而分子量都很大。

② 基：原子团之一，一般指不带电荷的原子团，例如羟基、氨基，因为不带电荷，就可以在原子团内取得活动的“自由”，人们也称它们为“自由基”。

③ 离子：原子失去或获得电子后所形成的带电粒子，带正电的称为正离子，带负电的称为负离子。离子所带的电荷数，代表该离子的价数。

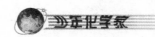

它们会使人体内的蛋白质凝固。人如果多喝了盐卤，就会有生命危险。

“豆腐作坊里有时不用盐卤点卤，而是用石膏点卤，道理也一样。”

晶晶一边讲解，一边演示，竟然现场做出来一小锅白亮亮的豆浆来。

“呀！好烫！”馋嘴克美喝了一小口，烫得直嚷嚷。

“咯咯……这叫做‘性急喝不了热豆浆’。”克美狼狈的模样逗得晶晶笑个不停，她把小锅放进一盆冰水里浸泡着，对大家说：“咱就耐心等着，马上就有冰冻豆浆喝啦。”

啊，大热天，能喝上“豆豆大师”女儿的冰冻豆浆，实在是有口福啊。

大家又谈论起班上的课间餐来。

这时，大明摊开了来意，请求晶晶泄露点儿祖传秘方，好让全班同学有好豆浆喝。

晶晶为难地说：“我也不知道这‘秘方’，真的，连爸爸也不知道，只有妈妈掌握着。妈妈说，她和山下的作坊签了合同，永远不泄漏商业机密。不然，要吃官司的。”

大明叹了口气：“得！白来一趟了。”

“对不起，班长。”晶晶搓着两手，难为情地说，“这，我实在不好说。不过，妈妈说过，她的豆浆和豆腐的品牌……诀窍……大部分在掌握黄豆和水的比例，还有烧豆浆的火候上。别的，我真的不知道。我只能按照一般的方法做豆浆和豆腐。”

大家觉得晶晶说的话实在——外来打工的妈妈，不严守秘密，留下“杀手锏”，她能在老板那儿站住脚跟吗？

这时，冰豆浆成了。

晶晶拿来几只小碗，正要给大家分豆浆，爸爸慌慌张张跑到后院来，大叫：

“不好啦！晶晶！出人命啦！小瑛子……小瑛子她……咳！”爸爸急得直跺脚，“她喝卤水……自杀啦！”

“在哪儿？”

“就在咱家后山上的树林里！”爸爸急急地说，在小院里到处寻找着什么，一边看一边叫，“晶晶，有没有……”

“……新鲜豆浆？”

“对！”

孩子们一起大叫：“有！刚刚……”

“快！带上它，去救命！”

天哪！人大量吞服卤水，会引起消化道腐蚀，镁离子被人体吸收后，对心血管及神经系统都有抑制作用的。在电影《白毛女》里，喜儿的老爸杨白劳就因为还不起债，把喜儿抵押给了财主后，走投无路喝下一瓦罐卤水，中毒死去的。

晶晶端起那小锅新鲜豆浆，盖上盖子，跟在爸爸身后出了门。

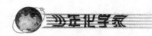

他们来到后山一片树林里，正碰上姑姑山庄的员工们抬的担架。担架上，余瑛在痛苦地呻吟着，身边还放着晶晶刚才给她盛卤水的搪瓷杯。

员工们告诉爸爸，这杯卤水大约没有全喝完，他们寻找余瑛到树林的时候，看到杯子里还剩下一半卤水，刚才抢救她的时候，余瑛把杯子里剩余的卤水碰泼到地上了。他们看见搪瓷杯子上有瞿师傅的名字，就打电话来豆豆小屋了。

晶晶大声叫："瑛子姐！瑛子姐！你怎么啦？我是晶晶呀！你为啥这样啊？呜……"

晶晶哭了。

余瑛睁开眼睛，痛苦地呻吟着，断断续续地说："我……我……我不想……不想死……快、快救我……"

一个抬担架的员工说："瞿师傅，您看，我们现在是不是去医院?"

余瑛挣扎着摆头："我不去……医院太多钱……我、我没有钱……"

"瑛子姐，"晶晶抹着泪水，揭开小锅，跪在担架前，"瑛子姐，我这就……来救你！快，喝豆浆！你要拼命喝豆浆啊!"

晶晶的爸爸也在担架另一边，扶起余瑛的上身，安慰说："孩子，别怕，啊，有瞿叔叔在，你不会有事的。

喝，大口大口喝豆浆，解毒的！豆浆是解毒的。听话。”

直到看着余瑛喝下了整整一小锅豆浆，爸爸才对抬担架的员工说：“可以了，现在，我们送她去医院。”

“瑛子啊，听话，医院的钱，瞿叔叔给你包了！”爸爸对晶晶说，“爸爸陪你瑛子姐去医院，你就在家里，哪儿也别去。”

看着爸爸随担架下山去了，晶晶坐在山石上大哭起来。她告诉同学们，瑛子姐是妈妈娘家的亲戚，今年随妈妈出来打工，可不知为什么，到他们家来一次就哭一次，情绪很不好。

“唉！都怪我啊！”晶晶自责地说，“刚才，我为啥给她卤水呢?”

朱克美坐在晶晶身边安慰道：“晶晶，别太难过了。”

古大明说：“晶晶，豆浆能解毒吗?”

“应该没问题的。”晶晶说，“在我们家乡，出过这拉子事儿，大人们都是让中毒的人喝豆浆。”

晶晶做对了！

1个小时后，医院传来好消息，瑛子姐已经脱离了生命危险。医生们赞扬说，由于让余瑛喝下了大量的豆浆，为抢救她的生命赢得了宝贵的缓冲时间。

原来，中毒者喝进大量豆浆后，原先喝进胃中的盐卤立刻与豆浆发生作用，生成豆腐，在很大程度上解除了盐卤的毒性。

2 瑛子姐的遭遇

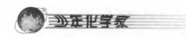

今年春上的一天上午 9 点钟，姑姑湖长途汽车站，一辆长途汽车到站了。

车上走下一位 20 岁左右的乡下女孩，她情绪激动，追撵着司机，要把钱送给他，司机吓得跑开了。这女孩又追着下车的乘客，把 10 元面值钞票向空中抛撒，乘客吓得四散而去。

车队队长见情形不对，便迅速上前拉住少女询问。不料少女一把拉住他，用哀求的语气说：

“求求你，师傅，接着我的钱吧！我是真心实意给你钱的！求求你了，求求你了……”

“这怎么行，我们素不相识，怎能要你的钱。”

女孩蜷缩在地上不肯起来，车队队长被拉扯得不好意思，便让一位女站务员过来帮忙，并请保安帮忙捡回女孩丢得满地的钞票，清点发现约有 200 元。

女孩见到女站务员，一把拉着她的手哀求：

“大姐，大姐呀！请你行行好，快救我！”

女站务员扶她到阴凉地方坐稳，一边替她揉擦药油，一边安慰道：

“小妹妹，不用急，慢慢说，发生什么事了？我们会帮助你的。”

温柔的话语，和善的面容，同是女性，少女紧张的情绪缓解开来。她时而清醒时而糊涂，断断续续地告诉女站务员说，她叫余瑛，从乡下来打工。路途上，她有些晕车，同车的两个男子就给她一颗药丸吃，说是“晕车药”。谁知吞下药丸后就无法自控，成了这样子。

听她的描述，大家判断余瑛吞服的大概是摇头丸①，可是女孩找不到给她药的男子了。

为确保少女安全，车队队长、女站务员和保安们商量了一下，决定立即用小车送她去医院救治。少女死拉着女站务员的手，要求她陪同，而大家也担心不法分子再来伤害她，便由女站务员护送少女去了医院。

到医院后，女站务员毫不犹豫地掏钱为她挂号、买水和食物，并从余瑛的小本子上得到了豆豆小屋的电话号码，于是打电话通知了晶晶的爸爸。晶晶陪爸爸去了医院，见一切已安排得妥妥当当，十分感激，当即拉住刚要离去的女站务员要用重金酬谢，被婉言谢绝：

“我们长途汽车站的员工，谁见到乘客有困难，都会伸出援助之手，我们不图回报。”

一句实在话让晶晶的爸爸非常感动，连称长途汽车

---

① 摇头丸：摇头丸的主要成分是冰毒。冰毒的成分是甲基苯丙胺，纯品很像冰糖，故名。

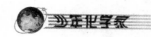

站员工是瑛子姑娘的救命恩人，并许诺日后一定登门道谢。

余瑛当天晚上就康复了。离开医院时，她央求说：

“瞿大叔，这事儿，请你一定替我保密啊。姑姑山庄的领导知道了，就不会让我继续留在那里了。”

“孩子，不准备报案了？难道允许那两个作孽的家伙逍遥法外吗？”

余瑛连连阻拦说：“千万别报案。这事儿闹开了，我在山庄还怎么过下去啊！”

为了余瑛的生计，晶晶的爸爸只好答应了。

从医院偷偷出来后，余瑛没让山庄任何人知道她被哄骗吃摇头丸这件事，日子过得也算平静。

有一天晚上，余瑛在姑姑山庄的娱乐城当班，有一群男女青年在娱乐中偷吃摇头丸。

她把情况报告给大堂经理，希望她能出面给予制止，可遭到拒绝，还被狠狠训了一顿。

余瑛说：“经理，摇头丸可厉害呢！别……”

“你怎么知道‘摇头丸’厉害?”大堂经理奇怪了，“你吃过摇头丸?”

“没！我可没……”余瑛哪敢暴露长途汽车上的事儿啊，只得撒谎否认。

“我说呢，”女经理总算打消了对余瑛的怀疑，“一个打工妹，每月300块钱，哪有这份能耐呢。”

余瑛把这遭遇说给瞿叔叔听了。

瞿叔叔叹气说：“在这个张扬自我的年代，青年人总爱说：‘只要我喜欢，有什么不可以?’于是追求‘自由’、‘解放’、‘In’①、‘high’② 成了许多人的人生目标。面对诱惑如何把握好自己，是个考验呢。一步之差，往往追悔莫及啊。

“我的一个朋友是个记者，在省城安康医院，见到了几位因吃摇头丸而接受强制戒毒的年轻人。回忆起接触摇头丸时的初次放纵，他们不约而同地说到一个词‘好奇’。

“一个女孩说：‘有天晚上我去蹦迪，曲子越放越high，舞也越跳越有气氛，这时有人拿出来几颗摇头丸，他们常吃的每人拿了一片。我是第一次，有点儿害怕，但他们说摇头丸不是毒品，没有副作用，吃完感觉特high。我也想试一下，就咬了1/4片。’

“有个男孩说：‘我这人好玩、好动，爱和朋友聚会，我们一群人在一块儿玩，经常会有人吃摇头丸。他们劝我试试，我觉得朋友不会害我，就吃了，第一次是放在

---

① In：当代某些年轻人对英语 in vogue（时尚）的不规范口语。

② high：英语单词，原意为“高”。当代某些年轻人把它当作“亢奋”、“爽”的口头语。

酒里吃的。’

“另一个女孩说：‘我原来在迪厅领舞，做DJ[①]。为了调动气氛，我在台上特爱甩头。后来有个好朋友，给了我一颗摇头丸，说不会上瘾，吃完跳舞特有情绪，我就吃了。当时没想到是毒品，是当做兴奋剂吃的。’”

“多傻啊！”余瑛惋惜地说。

“摇头丸是毒品，危害不亚于海洛因。”

瞿叔叔继续说：“由于很多人对摇头丸不了解，因此，它比海洛因更具有欺骗性，而且多为群体性滥用。长期服用同样会成瘾，主要是心理成瘾，并会造成心理障碍。它与海洛因相比虽然成瘾慢，药力弱，但同样危害严重。它会严重损害大脑和神经中枢，海洛因如中毒不深可逐渐恢复，摇头丸对人体的损害是不可恢复的呀！”

“瞿叔叔，我……我吃了一片，怎么就成那样？”余瑛悄悄问。

瞿叔叔说：“我是教化学的，化学和医学有许多相通之处。据我推测，孩子，你是不是有先天性瘾症。可能同你家族的遗传有关。你大概有这种毛病的底子，碰上

---

① DJ：迪斯科舞厅领舞的女孩被称做“迪姐”，玩“酷”的女孩用“迪姐”两个字的汉语拼音声母简称就是“DJ”。这种不规范的语言来自网络聊天。

摇头丸，马上就触发，就成了这样子。我想……兴许是这原因。”

“癔症是什么病呀？可怕吗？”

“别害怕，孩子。这恐怕是一种神经不太正常的毛病，就是我们常听说的‘歇斯底里’……我知道不多，也说不准。”

瞿叔叔不愿再往下说了，最后叮嘱她：“孩子，别往深处想，也别焦心，啊，仅仅是我的猜测。唉，咱乡下来的人，大病小病，谁敢上医院啊，哪有那么多钱上医院呀。一个感冒发烧，就是上百块……瑛子啊，今后，你在打工的地方注意点儿就是了。碰到容易上火的事儿，你就躲得远远的，知道吗？”

可是，世上的事情有时候是由不得自己的，正所谓“树欲静而风不止”。

昨天清早，她正要下班，被几个在迪厅玩通宵的客人叫进去，为他们准备早点。

客人请她陪饮，她不敢不陪。没想到，那些客人喝的饮料里掺有摇头丸片剂。于是，她神情恍惚地来到晶晶家，讨要了一杯卤水，想“结束自己的生命”——可是，这并非她的本意呀！这是她本来脆弱的神经再一次受到刺激而产生的“妄想”。幸亏员工们及时发现，也幸亏瞿叔叔和晶晶果断处理。不然，我们就再也不会见到善良单纯的瑛子姐了。

③ 哭比笑好

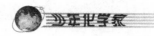

只听说“笑比哭好”。俗语说，笑利于健康：“笑一笑，十年少。”

佛家的楹联谈“笑”里蕴含的人格气度：“大肚能容，容天下难容之事；笑口常开，笑天下可笑之人。”

谁也不愿没事儿找伤心，去哭哭啼啼。这话在理儿。可是，那天呀，有个人想哭，还得强迫自己笑，你说，多难受啊。

这是怎么回事儿呢？话，还得从瑛子姐后来的一次巧遇说起。

几天后的一个下午。

放学后，晶晶刚进屋就接到瑛子姐从山庄打来的电话，语气很重，并夹杂人声鼎沸的声响。

“晶晶妹妹！是你吗？你能帮我一下吗？”

晶晶立刻紧张了，问：“发生了什么事？”

“我看到那两个家伙啦！”

“他们是谁？”

“还能是谁？”瑛子姐的话音有点儿发颤了，“骗我吃摇头丸的两个坏蛋！你能把你的男同学叫来吗？”

“能!”晶晶的回答斩钉截铁，“你准备怎样，和他们打架吗?”

晶晶有些发懵了，谈打架，古大明和雷剑恐怕不是他们的对手。可是，话已经说出了口，又不好收回。

幸亏瑛子姐不是这个意思，她说：“把你的朋友们都叫来吧，我不能出面。让他们想法子缠住这两个坏蛋，再想办法报警。就是警察来了，经理也不会怀疑是我干的……最好，给这两个家伙找点儿麻烦，或者是打一架。我再想法子让保安掺和进去。这样吧，山庄的保安说不准就会报警。警察来了，再一搜摇头丸，他们就可能……”

噢，还是要打架?

晶晶想了想，尽管没把握，但还是决定试试。她一个电话，就把古大明、雷剑和朱克美调来，同他们一起进了姑姑山庄。

傍晚时分的迪厅里，摇滚乐的音响滚雷似的撼人心魄，旋转灯变幻的光柱在狂欢的人们身影上掠过。舞友几乎全是年轻的酷哥酷姐，他们自顾自狂欢着。有的扭动着身躯，有的挥舞着双臂，有的摆动着臀部，有的扭曲着腰肢；有的随着疯狂的乐曲狂跌着两脚，“咚咚”的皮鞋撞击地板的声音，给人的感觉不外乎是忘乎所以和旁若无人的尽兴。几乎所有的人在胡乱地摇着脑袋，他们端在手里的酒杯不少是空的，却成了他们 In 或者 high

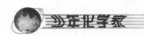

的道具。甚至有疯狂者把空酒杯扔向服务台，引得服务小姐和舞客们发出一阵阵惊叫。

“哈哈！来吧！亲爱的……”

“噢！迪斯科 high！”

……

古大明带领瞿晶晶、雷剑和朱克美进入舞厅，在余瑛暗示下，很快盯上了舞厅正中的两个高个男青年。他俩的打扮格外惹眼，一个穿着花格衬衣，另一个蓄着女人的马尾辫。他俩和周围几个狂舞着的男女，手里都拿着气球，在疯狂的扭曲中，不时将气球的扎口放在鼻子底下闻一闻。

“气球里装的是什么？”古大明悄悄问余瑛。

“我也不知道。”余瑛站在暗处，不敢大声说话。

“他俩就是……”

“对，烧成灰我也认识。”余瑛的眼里闪动着愤怒的火花，“就是他们骗我吞下摇头丸的。”

“我们到里边去，找他们的茬。”古大明特地把雷剑和朱克美拉到身边，“猴子，老克，咱们今天为瑛子姐两肋插刀来啦，怕不怕？”

“笑话！”雷剑鼻子里一哼，“你班长领头，咱哥们还怕啥！”

“笨！”古大明一瞪眼，“可不是要你真打架，今儿个要你来……‘逗蛐蛐’的，懂吗？”

“逗蛐蛐？”雷剑的脑瓜子一时没转过弯来，想了想，恍然大悟，“噢！懂了，撩他俩上火，像斗蟋蟀一样，让他们斗？”

“行啦！明白了就好。”古大明对朱克美和晶晶说，“咱们想办法让保安报警，就成了。让警察来制服那俩小子，咱就溜！懂吗？”

“知道啦。”朱克美应道。

晶晶嘱咐道：“注意保护自己。”

情况有了变化！

原来，“花衬衫”和“马尾辫”被场外的一个妇女叫出了人圈，走进旁边的一间包厢。

古大明看了看朱克美的装束，说：“朱克美，你今天的打扮……”

“怎么了？”朱克美看了看自己的大花短袖绸衫和黑皮短裙。

“挺酷的嘛。”雷剑说，眼睛眨了眨，做了个鬼脸，“怎么样？进去找他们买点儿摇头丸？”

“噢，明白！”朱克美说，“猴子，和我一起进去。”

晶晶说：“我也进去。可是，大家尽量 high 点儿。别露出马脚。”

古大明说：“我在外面机动。”

安排妥当，朱克美、雷剑和瞿晶晶 3 人正要敲门进包间，突然，从半掩的门缝里看到了令他们吃惊的事情。

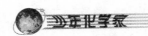

包间里，“花衬衫”和“马尾辫”好像刚刚和那女人做完一笔生意。

“喂，皮斯。”“花衬衫”叫那女人，拍打着沙发上一只小煤气罐似的小坛子，“再给我进 300 只气球皮，我的笑气没有家伙吹了。”

“你等着吧，货马上就到。”

噢，笑气！几个孩子顿时明白拿着气球的人们在干什么了。他们已经淘汰了摇头丸，而玩起了最新潮的“吸笑气”的 in vogue（时尚）！

学化学的孩子都知道，“笑气”的化学名称叫一氧化二氮（N_2O），当初也叫氧化亚氮。提起笑气，自然将它与一个人联系起来了。

英国化学家汉弗莱·戴维，1778 年出生于彭赞斯。因父亲过早去世，母亲无法养活 5 个孩子，于是卖掉田产，开起女帽制作店来，日子越过越苦。戴维从小兴趣广泛，最喜欢化学，常常自己做实验。

17 岁的时候，戴维到博莱斯先生的药房当了学徒。既学医学，也学化学，除读书外，他还做些较难的化学实验。不久他就在彭赞斯小有名气了。

一天，医学家托马斯·贝多斯登门拜访这位“小化学家”，并邀请他到条件很好的气体研究所去工作。贝多斯的研究所想研究各种气体对人体的作用，弄清哪些气体对人有益，哪些气体对人有害。

戴维接受的第一项任务是配制氧化亚氮[①]。戴维不负重望，很快就制出了这种气体。当时，有人说这种气体对人有害，而有的人又说无害，各持己见，莫衷一是。制得的大量气体，只好装在玻璃瓶中备用。

1799 年 4 月的一天，贝多斯来到戴维的实验室，见已制出许多氧化亚氮，非常高兴。可他一转身，不小心把一只玻璃瓶子碰到地下打碎了。

戴维慌忙过来一看，打碎的正是装氧化亚氮的瓶子，忙关切地问：

“贝多斯先生，您的手……不要紧吧?”

“没事。真对不起，我把你的劳动成果浪费了。”贝多斯边说边捡碎玻璃。

“没啥，我正要做试验呢，想看看这种气体对人究竟会有什么影响。这样一来，省得我开瓶塞……”

戴维的话还未说完，被贝多斯反常的表情弄得惊慌失措起来。

“哈哈哈……”

---

① 一氧化二氮是一种无色气体，具有微弱的香气和甜味；能溶于水，不能使湿润的石蕊试纸变色；其性质类似氧气，可做可燃物质的氧化剂，曾用做口腔科的麻醉剂（即“笑气”）。取 3 克硝酸铵装入干燥的大试管中，配上带导管的塞子，加热，将生成的气体通过盛有 5%硫酸亚铁的洗气瓶中，除去一氧化氮。用试管收集气体，将带火星的木条伸入试管内，可以观察到木条复燃。

一向沉着、孤僻、严肃，几乎整天板着面孔的贝多斯突然大笑起来："戴维，哈哈哈……我的手一点儿都不疼，哈哈哈……"

"哈哈哈……"刚才还处于惊慌状态的戴维也骤然大笑，"真的不疼？哈哈哈……"

两位科学家的笑声，惊动了隔壁实验室的人。他们跑来一看，都以为他俩得了神经病。

一阵狂笑之后，两人才逐渐清醒。贝多斯被玻璃划破的手指这才感到了疼痛，原来氧化亚氮不仅使他俩狂笑，而且使贝多斯麻醉了，不觉得手痛了。

事隔不久，戴维患了牙病，便请来牙科医生德恩梯斯·舍派特。医生决定把他的坏牙拔掉。当时根本没有什么麻醉药，医生硬把牙齿给拉了下来，疼得戴维浑身冒汗。这时，他猛然想起前不久发生的事——贝多斯手划破了，可闻了那氧化亚氮后却一点儿也没感觉疼。于是，他赶忙拿过装有氧化亚氮的瓶子连吸几口，结果，他又哈哈大笑起来，也感觉不到牙痛了。

经过进一步研究，戴维证实氧化亚氮不仅能使人狂笑，还有一定的麻醉作用。戴维就为这种气取了个形象的名字——笑气。

戴维将关于笑气的研究成果写进《化学和哲学研究》一书，立即轰动了整个欧洲。外科医生们纷纷用笑气做麻醉药，使本来满是刺耳的喊叫声的手术室弥漫着一片

笑声。病人的痛苦也轻多了。

但是，笑气如果不加以控制过渡吸入是有害的。会导致神经中毒肌无力，过渡吸入还会导致死亡。

现在，在包间外面，几个孩子很快有了一个好计谋。

猴子和老克故意装成帅哥靓姐的模样，从屋外推推搡搡吵到了屋内。

“格子哥哥，有让咱 high 的‘蓝色 SKY’吗？”朱克美的声音嗲嗲的，边说边往“花衬衫”身边靠过去。

“有啊，小美人儿。”“花衬衫”瞪着色迷迷的眼睛，不住地在朱克美微微隆起的胸部扫描，“还有比这更 high 的笑气呢，要不要啊？嘻嘻，给咱哥们亲热亲热，不用收你的钱。”

一旁的“马尾辫”竟然伸手过来，想摸摸朱克美的手臂。

哈哈！这正是孩子们求之不得的呢。猴子从朱克美身后跳出来，瞪着小眼睛吼道：

“咋啦？哥儿们，想吃我马子的豆腐？”

“谁是你马子啦？”朱克美故意做出满脸媚态，往猴子身旁靠过来。

俩家伙哪里会把小个子雷剑放在眼里？“马尾辫”竟然站起身来，吸了一口气球里的笑气，下流地朝这边走过来，拉住了朱克美的手：“来吧，我的小美人儿，装啥正经呀？”

啪!

啪!

“马尾辫”没提防，猴子一个弯腰，朝前一个箭步跳过去，右胳臂向下一个“利刀劈水”动作，把“马尾辫”拉住朱克美的胳臂狠命劈了开去。“马尾辫”“哎哟”没完，另一只胳臂被猴子的倒踢金钩的左脚踢中，手里的气球也飘落到地毯上，骨碌碌朝墙角滚去。

“好小子！哪儿来的野种，敢在咱哥们的地盘上找茬儿!”

“花衬衫”站起身过来。

朱克美毫无惧色迎上前去，摆好了迎战的准备。这时的朱克美仿佛看到瑛子姐姐被他们欺负的一个个画面，眼睛里冒着火花。她心里早忘了刚才大伙商量的计谋，只想亲手教训教训眼前这两个流氓。

站在门口的晶晶见包房里的阵势已经拉开，连忙大声惊叫：

“不得了啦！有人打架啦!”

先前在门外守候的古大明呼救的声音更响亮：

“快来人啦！要出人命啦!”

那边柜台上，正当班的余瑛心领神会，立刻按动了警铃。

一霎时，这里乱成了一锅粥，人们纷纷朝这个包间跑来。

一个保安大叫：“打电话报警！快呀!”

包间里呢？这时候假戏真做啦。

恼羞成怒的“马尾辫”像一头被激怒的疯牛，跳到沙发上大喊大叫，拎起杯子茶盘，就朝俩孩子这边扔，不断有器皿落地破损的“咔嚓”声。

“来吧，小子!”“猴子”的猴劲儿也被撩了起来，他左冲右突，既机灵地保护着朱克美，又瞅准那俩家伙的破绽，给他们一次次撞击。

“花衬衫”和“马尾辫”哪遇到过这等不要命的徒手小孩，渐渐支撑不住了。

“走!”“花衬衫”招呼“马尾辫”。

朱克美立刻堵在门口：“哪里走!”

“猴子”眼快发现了沙发上的那小坛子笑气，拎起它就朝朱克美这边扔过来：

“老克——接住!”

好一个朱克美，接过空中的笑气坛子，立刻拧开了阀门。随着“嗤”的一声，喷口往外喷出了笑气。

朱克美把坛子放到沙发上，立刻从水果盘里抓出湿淋淋的毛巾，招呼雷剑：

“猴子，过来!”

俩孩子机灵地用湿毛巾捂住了口鼻。

他们知道，一氧化二氮溶于水后，就丧失了它的刺激性。

俩孩子故意大开着包房的门，好让围观的人们欣赏两个倒霉蛋的丑态。

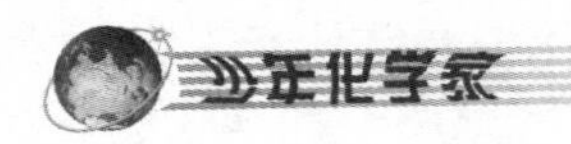

他俩却喜滋滋地溜了。

“哈哈！……我的娘呀！”

“哎哟！……我、我，哈哈哈……”

“行行好呀，别、别……别笑，求你……别笑、笑了，好不好？唉哟……”

“花衬衫”可怜地哀求自己，可是，今儿个的“我”就是不听以前的“我”的话。

“咯咯咯……嘻嘻……哈哈哈……”

“马尾辫”躺在地上打滚儿，可他不愿意“乐”呀！

他想哭，却忍不住笑个不停……

包间外边的人们也乐了，大伙儿一个劲儿地起哄。

“过瘾啊！乐得过瘾啊！”

“打滚呀！多打几个滚呀！”

“哈哈！太好看啦！”

这时，警察赶来了。

他们用湿布捂着口鼻冲进包间，关掉笑气坛子。

警察们还从这俩家伙身上搜到了不少摇头丸。他们以涉嫌携带毒品和违禁气体的名义，将“花衬衫”和“马尾辫”带上了警车。

后来，那俩家伙进了拘留所，很快以涉嫌贩毒转为逮捕。

再后来，各处娱乐场所张贴了这样的宣传材料：

一段时间以来，部分 PUB[①] 开始流行“吸气球”，不少人将装在气球中的“笑气”吸入肺中，模糊自己神志，暂时摆脱烦恼。科学家指出，笑气，是医疗用“吸入性全身麻醉镇痛剂”，属管制药品，仅限医师使用。笑气是由 2 个氮原子跟 1 个氧原子化合而成，医疗上使用时（拔牙、手术）都会加入 70％或 80％的氧气，如此才不会造成缺氧。但像 PUB 里的“吹气球一族”，鼻子直接对着装有高浓度笑气的气球猛吸，容易造成缺氧、心智混乱、痉挛，以及骨髓抑制、颗粒性白血球缺乏等造血机能障碍，女性的生殖机能也会受到影响，危害程度不下于“摇头丸”。各位千万别因为好奇而尝试。

① PUB：俚语，即 a bar or tavern，酒吧。

4 尴尬的白水晶

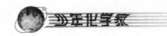

借用笑气替瑛子姐报了仇，让“花衬衫”和“马尾辫”落网以后，瞿师傅夫妇俩整天提心吊胆。他们担心，这两个地头蛇手下来报复。可是，瑛子姑娘好不容易碰上了欺负她的坏蛋，不惩治他们，不也给社会留下祸根吗？

这让他们很为难——社会需要惩恶扬善，可又担心“一个小跳蚤顶不起一床大被窝”来。

真是左也难，右也难啊。

妈妈只好叮嘱晶晶说：“晶晶，今后咱家的人都要多一个心眼才是呀，小心不为过呢。”

爸爸也说：“是啊，这如今，无赖太多，咱这些外来户惹得起吗？”

晶晶的心里也悄悄打鼓：爸爸妈妈是为自己好，可是，能不路见不平拔刀相助吗？她没吱声，只求以后过太平日子，就得了。

可是，俗话说“是祸躲不过”啊。这一天，爸爸外出进货，她守柜台，就碰到一桩麻烦事儿。而且，这件事闹腾到了姑姑山庄总经理那里去了，差点儿取消她家

经营豆豆小屋的资格。你说，这事儿是不是很险呢？

“喂，女老板，我要挑一根水晶项链。”

这是一个戴眼镜的小伙子，大概是外地旅游到这儿来的，给她的女朋友选购一件纪念品。

“噢，先生请。”晶晶礼貌地迎上前，从柜台里端出一大盘水晶项链，“先生，对不起，我们店里只有白水晶项链。能满足您的需要吗？”

“能啊，我就是要一根白水晶项链。”“眼镜”说，“洁白，纯洁，就像我们的爱情那么纯真啊。”

晶晶的脸红了，她一个少女，怎么也不好意思和面前这位大哥哥谈那两个字。

但是，爸爸告诉她，“来的都是客”，站柜台做生意，要主动和顾客拉家常，让顾客觉得亲切、和善，生意买卖就做成了一半呢。谈什么呢？就谈水晶吧。

“先生，”晶晶热情地问，“看样子，您是大学生？”

“曾经是。职业学院的，学文科。唉，毕业了也失业了，工作不好找啊，只好出来溜达溜达。”

晶晶更热情了：“大学生哥哥。”

“眼镜”挑选水晶的手停下了，怪怪地望着晶晶：“你叫我什么？”

“我叫你‘大学生哥哥’呀。”

“眼镜”脸色沉了下来，说：“你这女孩也太那个了。你怎么随便叫我‘哥哥’呢？哼，再怎么说，我也是个

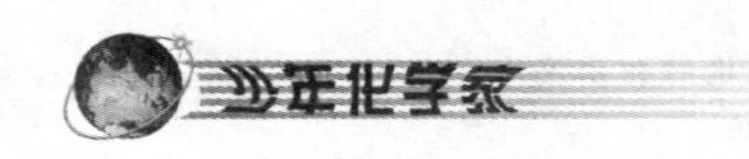

大学生，不会有你这个站柜台的个体户妹妹的。”

这是什么话！

晶晶心里就像被一块石头撞了一下似的生疼。她本来想说“站柜台的个体户妹妹怎么了”，可是，想起爸爸叮嘱过的“顾客永远是对的”的话，还是没有顶撞，反而道歉说：“啊，对不起，先生，刚才我说错了话。”

“这还差不多。”“眼镜”的脸色阴转晴了。

“先生，你知道怎样挑选水晶项链吗？”

“嗯……不太清楚。”

“你知道水晶的来历吗？”晶晶和颜悦色地问，“了解这些，对挑选好商品是有好处的。”

“眼镜”不好意思地推了推鼻梁上往下打滑的眼镜架，说：“谢谢，请你给我讲讲吧。”

“噢，先生请坐。”

待他坐定，晶晶就耐心地介绍起来。

“水晶是什么东西呢？我们在沙滩上可以见到许多无色透明的小颗粒，它们叫石英，化学成分是二氧化硅。沙子里的石英很小很小，在岩层中存在的大块的石英，就是水晶了。

“水晶非常漂亮，显微镜下可以看到它们的结构呈现六方柱结晶。纯净的水晶是洁净无色的，闪闪发亮；如果里面夹有杂质，就带有颜色，形成许多著名的水晶品牌，比如黄晶、紫晶等等。”

眼镜说："我不要杂质的，就要纯洁的。"

"那就是白水晶。"

"纯净的水晶不是无色的吗？怎么会有白水晶呢？"

"噢，请别急嘛。"晶晶继续耐心地介绍说，"水晶本质是无色透明的，给人的感觉却是白色的，这是什么原因呢？"晶晶像一个小老师讲课似的，还设问。

"眼镜"听得津津有味，眨着眼睛反问："是啊，问你呢？"

晶晶心里一凉，心想：这是什么大学生啊？连这点儿常识也不懂？还抵不上我这个初中生呢。不过，现在，她毕竟知道了"眼镜"的底细，在他面前一点儿害怕或者心虚的感觉都没了。

她干脆在柜台里左右走动着，绘声绘色地讲解起来："水晶的白色嘛，与它的内部结构呀，还有光线在它表面发生散射再重新组合有关系。水晶的结构是一种冰晶状态，是二氧化硅凝结的一种最纯净的自然形式。而晶体的内部结构是非常复杂的哟！一个初中生凭借学到的初步的物理知识，就能解释这个现象。"

这时，晶晶偷偷看到，"眼镜"的表情有点儿不自然了，他装作看旁边的商品，躲过了晶晶的眼神。

晶晶继续说下去："当一束光照射到它的表面时，会发生一系列的透射、反射和折射。水晶是无数个微小晶粒的结合体，当外界的光线照射在晶体表面时，各个方向的微小表面都会对光线产生透射、折射和反射，这样层层叠叠就形成了一片散射光。在光的世界中呢，普通的白色光，是由7种可见的色光按比例混合而成的。当自然光照射到晶体上时，在微粒集合体的各个方向上产生透射、反射和折射，所形成的散射光经重新组合后，与我们的眼相遇时，我们的视觉就觉得水晶是白色的了。先生，我讲得对吗?”

“对对对！讲得很好。”“眼镜”有点儿装腔作势，似懂非懂，突然问了一句，“你说，什么样的白水晶价值最好?”

晶晶想了想，眼珠子一转，说：“你知道福建的寿山石吗?”

“眼镜”摇脑袋。

“这样吧，先生，我给你背诵一段张俊勋写的《寿山石考》里的评论，你自个拿主意吧。《寿山石考》对福建白水晶的产地、质地作了生动的描述：白水晶产于‘坑头洞与水晶洞内，一名晶玉，又名鱼脑冻。地坚，质透明，光泽非常。《观石录》云，如白玉肤理中，微有栗起。此殆囿于所见，就其不纯净者而言则可；就其纯净者而言，则不然。色首水晶白，似棉纹微细者为佳；中有环冻一种，纹或单环、双环、三连环，好事者以为妙，而事实不如鱼脑冻，雪白者次之’。”

“啊呀!”“眼镜”终于发出惊叹了，“你一个山野村姑，竟然能流畅地……什么……倒背如流呀！”

瞧他，连评价吹捧别人的语言都这么糟，这是什么大学生啊。

这是晶晶心里想的话。她特意强调了段落里的一句话：“先生，‘似棉纹微细者为佳’，明白了吗？”

“明白，明白。”

“眼镜”好像不敢再待下去，匆匆忙忙挑选了一根白水晶项链走了。

“啊，他终于走了！”晶晶长长舒了一口气，自言自语。

可是啊，她高兴得太早啦。

不到喝一杯豆浆的工夫，那个“眼镜”又返回来了，脸色灰暗，气势汹汹。

“喂！小村丫头！”“眼镜”十分不礼貌地把水晶项链搁在玻璃柜台上，吼道，“你们做生意，以次充好！我要到姑姑山庄去投诉你们！”

晶晶一点儿心理准备都没有，连忙问：“先生，怎么了？我们的商品绝对是货真价实。不信，你看看我门口的对联。”

这副对联在阳光照射下，仍然熠熠夺目，上联写道：

晶晶小屋晶镯晶链一柜珍宝

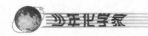

“‘珍宝’?‘珍宝’个狗屁!”“眼镜”语言粗俗，情绪激动。

晶晶再也耐不住火了，提高声音反驳道：“你凭什么贬低我的白水晶项链?”

“凭什么?”眼镜拿起项链，说，“你检测一下吧，你们有检测设备吗?”

“有的。”晶晶打开了柜台上的一架高倍显微镜的反光灯，“项链给我。”

白水晶项链放在物镜上了，它的投影立刻反射到了墙壁上洁白的小屏幕上。

“你看你看!”“眼镜”似乎抓到了把柄，指着小屏幕上的水晶项链的投影，说，“你看看，里边有多少杂质!这一定是人工造的水晶，说不定是有机玻璃呢!”

“眼镜”的吼叫声吸引了七八个游客，他们围到柜台跟前来，不做声地观看着。

“哎呀！这叫我怎么向你解释呢?”晶晶这时的感觉，简直就像爸爸常说的“秀才遇到兵，有理说不清”。不过，晶晶可没有发火，她知道，这个“大学生”不懂装懂，才把精品当作次品，同样，他也把人们佩戴的人工水晶当成上乘之作了。

“先生，刚才我让你注意那个短语，你说‘知道了’，可是，《寿山石考》里的那句话，你没有注意到呢。”

“哪句话?”

晶晶只得又重复了一遍："先生，最好的白水晶应该是'似棉纹微细者为佳'啊。你看，这显微镜里的水晶投影，里头是不是有些细微的头发丝或者棉絮似的阴影呀?"

"是呀。这不是杂质是什么？一定是人工造的时候，没有处理干净。我看到我们山庄同事戴的水晶项链，在显微镜下就没有这些杂质。"

果然如晶晶所料，"眼镜"把人工仿制品当成天然的精品了。

晶晶说："大学生先生啊，水晶是自然的矿物啊，在火山岩的迸发中，在形成矿脉的过程中，加上压力、高温，以及与其他化学物质的反应过程，它才在形成二氧化硅时遗留下这些'纹丝'呢。如果没有这些'纹丝'，那才叫不正常呢。"

围观的人群中，有人说话了。

"小伙呀，你懂不懂地质化学啊?"

"你是个大学生吗?"

"喂，人家姑娘说的都是大实话呢。你别误会人家了。"

"眼镜"看看这几个游客在劝说他，甚至责备他，也就借楼梯下台。

"好，你等着，我不跟你争了。""眼镜"拿起水晶项链，扭头就走，还在远远的地方扔下一句话，"我找山庄

的经理投诉你！”

第二天，山庄经理就找晶晶的爸爸，追问白水晶的事了。老瞿原原本本叙说了事情经过，关心地问：

“经理先生，我家晶晶说谎了吗？”

“那倒没有。”经理先生是个近40岁的人，他担心地问，“老瞿呀，你明白告诉我，你店里进了水货①没有？‘豆豆小屋’是个百年老字号，可不能让它……”

“刘总经理，请放心。我老瞿从不做那伤天害理的事。”

“我们可把话说在前头，”经理的语气很重，“这次被投诉，无论怎样，玷污了豆豆小屋的名声。你要知道，你也是教师出身，知道‘谬误重复一千遍就成了真理’的道理。我不想再听到有人对豆豆小屋说三道四了。不然，可别怪我……”

晶晶的爸爸连忙拦住话头：“请放心，刘经理，我感谢你给我一方宝地，我们全家都会珍惜的。”

唉！怎么办呢？占着人家的地盘，端着人家的饭碗，就得看着人家的脸色，听着人家的话啊。

---

① 水货：南方商界和顾客把伪劣商品称为“水货”，意思是“含有水分”，专指不真实的货物。有时，也把名不副实的事物也称为水货，如“水货大学生”、“水货报道”等。

5 恐吓电话和密信

现在，已经是下午 4 点半钟。

火辣辣的太阳正发着炽热的淫威，姑姑山庄的大小建筑经受着夏日阳光的炙烤。

室外活动的人影稀少，只有保安和清洁工在山庄的林荫道上工作着。

“丁零零……”一个电话打进了刘总经理的办公室。

电话里传出的竟然是一个小男孩稚嫩的声音。他说话像背课文似的，一字一顿：“听、着、姓、刘、的，三、天、内、给、我、准、备、一、百、万、块、钱，不、然，我、要、炸、掉、你、们、的、姑、姑、山、庄、大、楼！”

显然，恐吓者担心自己的声音暴露了身份，特意安排一个不谙世事的小孩子，按照事先写好的字条，在电话里“唱读”。

刘总立刻打电话把保安队长冯立军叫到自己的办公室。

“好狡猾的家伙！”刘总经理把情况通报给山庄保安队长，“小冯，你说，这是真的，还是假的？”

“刘总，我认为，宁可信其有，不可信其无啊。我们姑姑山庄这几年发展势头这么好，效益越来越突出，难免招惹了一些人。如果我们掉以轻心，疏于防备，造成严重的后果……刘总，不怕您怪我——假如真挨了炸……人命关天哪!”

“嗯，小冯，你说得有道理。”刘总站起身在室内踱步，继续征求小冯的看法，“你说，报警，还是不报警?”

“我听您的主意。”

“我在问你呢。”

冯立军站起身，看着刘总来回走动的身影，说：“那家伙限定我们‘3 天内’，我想，是不是还有回旋的余地？也许他们还在策划中，也许他们在试探我们的反应，也许……根本就是一个口头的恐吓。我们是不是先不声张，暗地查一查？刘总，上次，为了几个贩卖摇头丸和笑气的舞客，我一时冲动，没有请示您，就报警了，结果，把事情闹得沸沸扬扬，迪厅的生意也受到冲击。我很后悔。”

“唉!”刘总摇摇头，“上次报警的事情，你没有大错。假如不报警，派出所突然检查到山庄，发现摇头丸在我们这里公开买卖，恐怕，我们的麻烦还会更大啊!”

这时，客房部总管打来电话说，住 1034 房的两名女客人在房间里留下一封恐吓信，不辞而别，现在不知去向。

刘总命令马上查找两名旅客的登记资料。

网上核对资料证明，两名旅客登记使用的是假身份证，登记本上所有的记录都是假的，不可信。

询问总台服务员，能回忆起两名女客人的相貌：年长者大约30岁，身材消瘦，短发，脸色发黄；年轻者大约25岁，身材微胖，大圆脸，脸色红润。两人都说着不标准的普通话。

两名旅客昨天早上进店，午饭后离店，就再也不见她们回来。

现在，一只旅行包还留在房间内，鼓鼓囊囊的，装的全是白色泡沫材料。

当班服务员余瑛刚才打扫房间时，在写字台上发现了恐吓信。

现在，恐吓信就摆在刘总的办公桌上，其内容和刚才接听到的电话内容相同：

3天内，给我准备100万块钱！不然，我要炸掉你们的姑姑山庄大楼！

"把余瑛叫来。"刘总吩咐客房部总管说，"注意态度，一定要和蔼。她有毛病的，知道吗？"

看着刘总指着脑袋的手势，客房部总管明白——余瑛大脑神经受不得刺激。

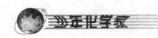

等人的时候，冯立军问：“刘总，您是不是对余瑛有什么怀疑?”

刘总惊讶地问：“你看出什么了?”

冯立军说：“这歪歪斜斜的字体，当然是故意写成这样的了。可是，我觉得，发现恐吓信时，房间里没有任何人，谁能保证这信就一定出自那两个女房客之手呢?难道，余瑛不能伪造出来吗?”

刘总问：“假定是她伪造的，你说，她的动机是什么?”

冯立军不假思索地回答：“为了钱！一个乡下打工的，不爱钱吗?再说，前几天，她为什么突然喝卤水自杀呢?到现在，我们只知道她神经受了刺激，是什么事情刺激得她不想活了呢?”

“嗯，说下去。”

“还有，这个‘瑛子姐’和豆豆小屋的老瞿是亲戚，她常常和一帮子中学生一起玩进玩出。刚才，您接听的电话，不是一个小男孩的声音吗?会不会是这些小家伙们……”

刘总眼睛一亮：“咦?值得研究！值得怀疑！这帮子学生，现在没准儿，他们那么单纯，少年犯罪的事情，多得很呢。”

冯立军说：“刘总，还有，那几个孩子前几天在迪厅里，好像故意找茬儿打架，他们为什么打架呢?派出所来查处摇头丸，我认为是偶然的事情。他们打架也太奇怪了。”

刘总说：“你能假设一下吗？假定余瑛就是操纵这件事的人，他们打算怎样敲诈我呢？”

冯立军一时没话说，沉默下来。

刘总毕竟是个“总”啊，他似乎觉得如此凭主观臆断，随便怀疑一个员工不妥当，对冯立军说：

“小冯啊，怀疑毕竟是怀疑，没有任何证据，不可随便这样做。待会儿，余瑛来了，不要随便……”

正说着，走廊上传来“咚咚”的脚步声。

出乎意料，来的人很多。除了客房部总管和余瑛，还有刚才提到的4个孩子。

一进门，古大明就说：“刘总伯伯，恐吓信和恐吓电话的事情，我们都知道了，要赶快报警啊。”

“是啊，冯叔叔！”晶晶接上来催促说，“怎能不报警呢？太危险啦。”

朱克美也说：“刘伯伯，冯叔叔，以防万一呀！”

冯立军阻拦说：“好了好了，这儿没你们的事，你们走吧，让我们和你们的瑛子姐谈谈。”

雷剑是个机敏的孩子，从冯立军特意强调的“瑛子姐”3个字里，听出了一点儿异味，连忙解释说：

“这位叔叔是保安队长吧？冯叔叔，可不能怪瑛子姐。这个坏消息，不是她告诉我们的，是我们侦查出来的！”

“什么什么?”刘总从“老板椅”上腾地跳起来，“小鬼，你刚才说什么，你们‘侦查出来的’?”

晶晶说：“是的，情况紧急呀！赶快报警吧。”

说着，从衣兜里掏出一张姑姑山庄客房里为旅客准备的便笺来。

“你们看！这是那房间里留下的一封密写信！”

刘总急忙接过便笺，皱巴巴的便笺有火烤的痕迹，显示着一排急匆匆写就的深褐色汉字：

> 当心啊！有人要炸弹炸楼！救救我！
>
> 10348493484
>
> 大兴旅社 13 号房

余瑛说话了：“刘总，您一定得相信，这一定是那个年轻女孩留下的‘密信’。本来是一张白纸，我打扫房间的时候，发现它压在他们吃剩的大葱叶子下。”

“你怎么把密信解出来的呢?”刘总问。

“不是我，我可没这本事。”余瑛老老实实地介绍说，“便笺上的字，是瞿晶晶用火烤出来的。”

晶晶一点儿不谦虚地说：“可以这样推想，那个年轻的女孩不知什么原因，被年长者胁迫，可又不甘心充当她的帮凶，于是呢，借进餐的时候，拿回房间一截大葱。

她去掉了大葱叶子，从大葱头里挤出了葱汁，用房间里的牙签，蘸上葱汁，写下了这封密信。葱汁可以和便笺纸发生化学反应，生成一种类似透明薄膜的物质。这种物质的燃点比纸还低，烤一下就会变成焦黑色。一烤，便显出棕色字迹来了。”

“啊呀！你们这些孩子真了不得！你们竟然会这套！”刘总大吃一惊，“请你们赶快告诉我，这是怎么回事？”

冯立军的态度也变了，客气地招呼大家。

“坐，孩子们，都请坐。”他朝门外喊道，“外面谁值班？送水果进来！”

“哎呀！吃什么水果呀？”晶晶着急地说，“快报警呀！”

雷剑说：“嚷啥呀？我已经报警啦！”

“什么！”刘总不知是惊还是喜，刚刚坐下的屁股又弹跳起来。

这时，大楼外响起了急促的警笛声。

霎时间，整个姑姑山庄闹翻了天，山庄里的旅客、员工，还有附近的山民蜂拥而至。

6 “诈弹”和“炸弹”

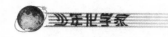

又是疏散围观者，又是转移房客，又是设立警戒线，又是调动防暴队……

所有的人远远地待在夜色中的姑姑山庄周围空旷的地方，注视着姑姑山庄唯一的8层高楼，那里灯火通明。

警方动用了先进的检测仪器，还使用了嗅觉灵敏、专门搜寻爆炸物品的警犬，对整座大楼以及周边几百米的山林进行了仔细搜寻，没有发现任何爆炸物。

1个小时后，警报解除。警方得出的结论是：这是一起恶意敲诈案。具体说，是他们处理过的一起“诈弹”事件。

警察们撤离后，房客们进了房间。所有的夜间娱乐活动照常进行。

这时，古大明、瞿晶晶、雷剑、朱克美，以及打工妹余瑛，被保安队长冯立军请进了刘总的办公室。

刘总脸色铁青，坐在老板椅上，气不打一处来。

“怎么样，小鬼头们！还有你——可爱的‘瑛子姐’！这下，你们高兴了吧？满意了吧？可以兴高采烈到迪厅里去好好庆贺一下，你们的恶作剧成功了吧？”

刘总说到这里，声音突然提高了好几倍，几乎是在吼叫：“你们寻开心，是吧？我要让你们的家长承担全部的损失！你们知道吗，这样一闹腾，我们姑姑山庄的安全度将在社会上打多少折扣？还有你——余瑛小姐，我还能让你待在我这里吗？”

直到刘总不再吭声了，办公室里只听见那台老式挂钟发出 9 下“当当”声，冯立军才降低音调，对刘总说：

“刘总，恕我冒昧，今天这件事，我觉得不那么简单。警方的搜索是不是有漏洞？”

刘总的火气发完了，听见这话，稍稍冷静了一点儿，问冯立军：“怎么，你不放心防暴队？”

“是的。”

刘总睁大眼睛，好像不认识自己的属下似的，紧紧盯住冯立军的脸。

这时，古大明说话了：“刘总伯伯，请你冷静。危险并没消除呢。”

古大明的这句话尽管说得很平淡，音调也不高，可是，它的震撼力远远超出了刘总的承受力。他脸色陡变，意识到什么不足，甚至意识到自己思维方面存在着什么破绽，态度异乎寻常地来了一个大转弯。

他快步走到长沙发前，和孩子们并肩坐下，然后说：“哎呀！看我这人，差点儿忘了问清楚，你们是怎样发现密写信的呢？”

余瑛正要开口讲话，这时，桌上的电话铃急促地响起来了。

“丁零零……”

这声音在寂静的夜晚显得格外刺耳和恐怖。

刘总按下了免提键，扩音话筒里立刻传来一个陌生男子沙哑的笑声。那声音，就像卡通片里特制的、从地狱里发出的魔鬼的嚎叫:“哈哈哈哈……姓刘的!警察走了吧?你以为今天晚上,你们能安心睡觉吗?1个小时后,‘轰!’你们上西天去吧!怎么样?是舍不得100万块钱呢,还是舍不得百十号人的性命!你是聪明人,看着办吧!”

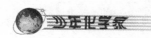

“你、你……你是谁?”刘总气得发抖,明明知道是废话,还是忍不住问对方。

“我是魔鬼!要你命的魔鬼!哈哈哈哈……”电话那边传来更阴森的狞笑声。

冯立军凑近话筒问:“炸弹在哪儿?你小子有种,就挑明了吧!”

“你还怀疑吗?你还以为我们是吓唬你们吗?告诉你,我布置的炸弹,你们的防暴队都查不出来,你能吗?他娘的!老老实实给钱!100万,一个子儿也不能少!”

“咔嚓!”电话挂断了。

“魔鬼”的嚎叫再一次提醒了刘总,他不得不重新回到现实。他走到桌边,准备拿电话。

“刘伯伯,打算报警吗?”晶晶问。

“不报警,怎么办?”刘总不知所措了,“客房里这么多人的性命啊!”

“那,又将是一场混乱啊。”冯立军担忧地说。

是啊,难道再来一次人员疏散?可是,不疏散又能怎么办呢?

夜,渐渐深了,迪厅的乐曲声也渐渐停歇了。

“嗡嗡嗡嗡……”一阵低沉的声音,从楼下一个角落传来。那是山庄的厨房工人在面粉加工作坊里,为明天的早点加工面粉。

“面粉作坊！”晶晶是熟悉这里情况的。她惊异的叫声，引起了在场人的注意。

“快，我们赶快到面粉作坊去！”晶晶大声叫着，“‘炸弹’一定在那里！”

晶晶说完，就往门口快步走去。

所有的人也跟上来。

“怎么回事？晶晶，你说清楚啊。”冯立军紧跟其后。

“到了那里，你们就清楚了！”

人们到了一楼面粉加工房的时候，这里已经是雾气腾腾，空气中弥漫着浓烈的面粉粉尘。

“你们都别进去！”晶晶严厉地命令身后所有的人，然后大声问里边的3个工人：“喂，你们谁有手机?”

“我！”一个小伙子大声回答。

“你赶快出来！”

“干吗？”

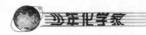

刘总在后边大叫：“浑蛋！金河长！叫你出来你就出来！快！”

听到刘总的声音，叫金河长的小伙子跑了出来。

“跟我来！”晶晶拖着他满是面粉的大巴掌就跑，一直跑到距离面粉加工房100多米的地方，才停下来。

“喂，手机呢？”晶晶严肃地问。

“在这儿。”金河长从腰间掏出来，给了晶晶。灯光下，他心神不定地看着刘总，又看看晶晶，回忆了一会儿，才说：“噢，你是豆豆小屋瞿师傅家的吧？下午，我的手机就是今天下午，在你家门口买的。”他又对刘总解释说：“刘总，我金河长可没干犯法的事儿啊。这部手机是在她家门口，一个住店的旅客便宜卖给我的。”

“这我知道。”晶晶看了看手机，松了一口气，说：“乖乖！幸亏关机了，不然，可就危险啦！”她又问金河长：“手机号码是不是10348493484？”

金河长想了想，连连点头：“对！是这个号码。10348493484。”

现在，几个孩子渐渐明白是怎么回事了。

只听晶晶对刘总说：“刘伯伯，山庄的这间面粉加工房，就是最危险的炸弹啊！这里边的道理您应该明白的呀!”

刘总毕竟是“总”呀，经晶晶一提醒，他恍然大悟了，连声吩咐金河长说：“快，让他们停止加工面粉，现在就停止！怎么搞的嘛！要你们好好改善除尘设备，到现在还是这样！还有，你！金河长，严重违反安全规程，差点儿造成极其严重的后果!”

保安队长冯立军在一旁大声强调了一句：“你！就是恐吓分子将要使用的‘人体炸弹’!”

“啊！队长，这怎么可能呢?”金河长吓得几乎要哆嗦啦。

面粉——手机——炸弹……

这不是风马牛不相及吗？怎么扯到一块儿了呢？这就要从化学的角度，好好理解什么叫“爆炸”了。

说简单一点儿，燃烧是最常见的化学氧化反应。比如，氢气燃烧中，氢原子和氧原子结合就生成了水；碳在燃烧过程中，放出热量，碳原子与氧原子结合，生成二氧化碳……那么，许多可燃物瞬间“燃烧”，释放出巨大能量，这就是我们看到的“爆炸”。

提起爆炸，人们总是很自然地想到炸弹惊天动地的轰响。殊不知，悬浮在空气中的那些悠悠飘扬的粉尘，也会引起威力巨大的爆炸。

粉尘爆炸往往是难以名状的巨大事故，国内外屡见不鲜。

昭和41年，日本横滨饲料厂的玉米粉尘爆炸，使整个工厂遭受蔓延性重大“天灾”。

1921年，美国芝加哥一台大型谷类提升机发生粉尘爆炸，将40座每座约装30万吨粮食的仓库从底座掀起，造成六死一伤，经济损失达400万美元。

1942年，我国本溪煤矿曾发生世界上最大的煤尘爆炸，死亡1549人，重伤246人。

1987年3月15日凌晨，我国哈尔滨亚麻纺织厂突然发生强大的粉尘爆炸并引起大火，使103万平方米厂房、189套设备遭到不同程度的毁坏，直接经济损失近900万元。事故中死亡58人，轻重伤117人。

粉尘为什么会发生爆炸呢?

原来是由于悬浮在空气中的粉尘同时瞬间燃烧，而形成的高气压所造成的。粉尘是固体物质的微小颗粒。它的表面积与同量的块状物质比较要大得多，所以容易着火。如果它悬浮在空气中，并达到一定的浓度，便形成爆炸性混合物。一旦遇到火星，就可能引起燃烧。燃烧时，气压和气压上升率越高，其爆炸率也就越大。而粉尘的燃烧率又是与粉尘粒子的大小、易燃性和燃烧时所释放出的热量以及粉尘在空气中的浓度等因素有关。

拿面粉为例，浓度达到每立方米9.7克就足够了；况且，面粉或饲料等粉尘爆炸的临界温度非常低，只相当于一张易燃纸片的点火温度。生产场所机械装置的轴承或皮带摩擦过热，容易产生静电的设备没能妥善接地，或者电气及其配线连接处产生火花，粉碎机的进料未经筛选，致使铁物混入，产生碰撞性火星……尤其是在这种场合拨打或接听电话，产生的极其细微的电火花，都可以引发粉尘爆炸。

最常见的粉尘爆炸有煤粉、面粉、木粉、糖粉、玉米粉、土豆粉、干奶粉、铝粉、锌粉、镁粉、硫黄粉等。所以，在粉尘飞扬的封闭场所，严禁一切能产生电火花的物品使用。

这些化学常识，连初中学生都明白，难道堂堂姑姑山庄总经理还不清楚吗？

显然，这部“便宜”的手机卖给金河长，是恐吓者精心策划的。金河长买了手机，一定觉得新鲜，带在身边。一旦他开着手机的时候，恐吓者打进电话来，惨剧就一定会发生！

第二天，姑姑湖小镇轰动了。

警方根据余瑛留下的、晶晶烘烤出的密信内容，在凌晨3点钟，从大兴旅社13号房里，抓到了6个打恐吓电话、阴谋使用手机引爆面粉房的犯罪嫌疑人，解救了一个被他们胁迫拐卖的少女。

为了让买便宜手机的金河长真正认识粉尘爆炸的危险，刘总亲自主持做了一个微型爆炸试验——他把一个就要报废的搅拌机放进一只大油桶中，让它在里边搅拌干燥的面粉。然后，他把便宜手机放进去，盖上盖子，远远地拨打手机号码“10348493484”。

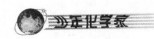

啊！还没等听见手机铃声，那个大油桶就“轰”地爆炸啦。

这个糊涂的面粉师傅金河长，算是保住了饭碗，刘总没有炒他的鱿鱼。但是，罚款罚得够呛。

余瑛受到全山庄员工的尊敬。她获得1000元奖金，还被山庄聘为合同工。

余瑛高兴地上班去了。

“唉，我那手机……”金河长偷偷惋惜。

“你还惋惜呢!”余瑛扬眉吐气了，“你那手机号码不吉利，刘总给你炸了，炸得好。”

“那号码怎么不吉利?”

“你念念那号码吧——10348493484，这不是‘要你啥时爆炸就啥时爆炸’吗?”

金河长一愣，大叫：“天哪！真是这么个意思呢！好险，好险！我以为图了个便宜，没想到花钱买了一个炸弹起爆器呀！我的天，危险，危险啊！我河长‘大难不死，必有后福’吧?”

“‘福’你个鬼头呢!”余瑛笑了。

这一天，余瑛开心地笑了。她来这儿打工 1 个月，好像只有今天，才是她的节日。

7 "捣蛋"行动

朱克美最不爱干的一件事就是去菜市场，更不愿和妈妈一块儿去。她觉得买菜是一件累嘴皮子、眼皮子和脸皮子的"三累"差事。

同商贩讨价还价嘴皮子累，挑三拣四眼皮子累，被同学看见了难为情脸皮子累。如果和妈妈一块儿去菜市场，还要多两累——腿累和耳朵累。妈妈非得在菜市场来来去去走好几个来回，"货比三家"以后，才决定在哪个摊位买菜，这不是腿累吗？加上妈妈的熟人多，沿路不知要和多少熟人打多少招呼，拉好多陈芝麻烂谷子的家常，才能把菜买回家。这样一来，妈妈每天早上8点钟出门买菜，最早也得10点钟回家。

好在妈妈下岗了，有的是时间，她一点儿也不觉得这有什么不妥。倒是拖得小克美心里直叫苦。克美常常能躲就躲，实在躲不脱，也千方百计中途"溜号"。

现在，是暑假时间，朱克美预感"大难临头"，一个星期至少有一次她极不情愿的"作陪"。

妈妈嗓门大，性子直，对女儿说话也没遮拦："我知道你不情愿，哼，不情愿也得磨炼！"妈妈训斥她说，

"女儿家，长大了，嫁人，做人家的主妇，还能不料理家务？成天就跟着小西施、大豆，还有猴子他们到处野，能有什么长进？你们哪……"

"妈妈，你说得多难听啊。"朱克美打断了妈妈的唠叨，"我陪你去菜市场还不行吗？"

这下，妈妈高兴了，拉着克美的手就去了菜市场。

"走，今儿个不让你陪着我转圈了，我已经选好了一个卖便宜鸡蛋的摊子。"

果然，不到半个小时，娘俩就满载而归了。

可是，晚上妈妈准备做一个爸爸最爱吃的韭菜炒鸡蛋时，麻烦出来了。

"天哪！克美，这鸡蛋是咋回事儿？"妈妈惊叫起来，"你快来看哪！"

"怎么了？坏蛋？臭鸡蛋？还是……"克美放下手中的作业，一边往厨房走，一边问。

这时，爸爸回家了，他大概也听见妈妈的惊叫声，一进门就径直朝厨房走去。

现在，一家三口都在厨房里，面对着他们从来没见过的鸡蛋，傻眼了。

瓷碗里，妈妈磕破的 5 只鸡蛋，蛋清稀稀的，就像淡淡的清米汤；蛋黄呢？颜色淡淡的，成了名副其实的"淡黄"，而且，5 只落进碗里的蛋黄，全都和那米汤似的蛋清混合到一块儿。现在，瓷碗里已经成了一碗奇怪的黄色糊糊，就像一碗淡淡的玉米粉浆一样。

“怎么会是这样?”爸爸也感到奇怪，看着妈妈问，“放了多久?”

“刚买的呀。新鲜鸡蛋。”

“这鸡蛋怕是坏了吧?”爸爸闻了闻，擤擤鼻子，又说，“好像有一股药味！你们闻闻。”

朱克美和妈妈都闻了，的确有一股说不出的药水怪味。

“奇怪呀，鸡蛋里边怎么会有药味呢?”爸爸连连摇头。

这时，客厅里的电话铃响了。

朱克美去接电话，那头传来瞿晶晶急促的声音：

“喂，老克，你家买了便宜鸡蛋吗?”

“买了，可怎么都坏了……”

“不是坏了，是假鸡蛋！人造的鸡蛋！我妈妈也买了。”瞿晶晶急匆匆地说。

“假鸡蛋，”克美大声说，“不会吧?”

妈妈和爸爸也到客厅来了。

“是假鸡蛋?”

“鸡蛋还有假的?”

妈妈和爸爸凑近话筒，惊讶地大声问。

克美按下了免提键，瞿晶晶的声音立刻在客厅里轰轰地响起来。

“阿姨，叔叔，鸡蛋一定是假的！假的！”

“小西施，你妈妈买的鸡蛋也是清糊糊样儿？”

“是的，是的。”

“也是蛋清蛋白像米汤似的？也是浓浓的药水味？”

“是的，是的，鸡蛋里还有骨头呢！”那边，瞿晶晶一语惊人，“你们仔细看看吧，我敢保证，你们家买的鸡蛋里一定也有骨头！”

“什么什么！”这边的 3 个人几乎同时喊叫起来。

人们常常把故意找茬挑刺比喻成“鸡蛋里面挑骨头”，现在，这个瞿晶晶竟然说她妈妈买的鸡蛋里真的有骨头了。

这时，克美的妈妈连忙跑进厨房，把塑料袋里的鸡蛋全打破，用脸盆盛上那些清糊糊。

现在，小半脸盆的清糊糊端到客厅里来了，这里远离厨房，没有厨房里各种气味的干扰，一种明显的化学物质气味顿时弥漫开来。

妈妈用木筷搅动着盆里的清糊糊，突然，十几根细细的、两三厘米长的鱼骨头似的东西漂浮上来了。

妈妈冲到电话跟前，对着话筒大声喊：“喂喂喂！鸡蛋里真的有骨头，还不少呢！”

爸爸在一旁搓手，自言自语：“这是咋回事儿？咋回事儿？开天辟地头一回呀！”

妈妈不知道怎么的，又是摇头，又是嘻嘻笑，还喃喃自语："今儿个倒是遇上巧事了，鸡蛋还可以造假！鸡蛋里还有鱼骨头！嘻嘻，这是谁在变魔术吧，还是哪家工厂搞的啥转基因鸡蛋吧！"

克美反驳妈妈说："妈妈，瞎扯什么呀？'转基因'把药水和鱼骨头都转进去干吗？"

这时，电话那头传来另外几个人叽叽喳喳的声音，最后还是瞿晶晶在电话里大声说：

"阿姨，我们就到你家去，研究研究！"

"你们？是哪些……"

"大豆，猴子，我。"

"你们快来吧，"克美的爸爸催促道，"把检测工具也带来。"

克美插嘴说："把假鸡蛋也带来。"

3个孩子骑自行车赶到朱克美家，带来许多化学仪器和化学制剂。

午餐是在朱克美家里解决的。简单得很，一人一碗炸酱面，外加馒头和包子。吃过午饭，客厅就成为一间化学实验室了。

朱克美的爸爸妈妈饶有兴致地参加了化学实验的全过程，也是孩子们化学实验的助手。

"叔叔，去楼下工地舀一瓶清亮的石灰水来。"瞿晶晶吩咐。

"哎，我这就去。"

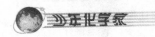

古大明对朱克美的妈妈说道：“阿姨，把水壶里的水垢敲打一点儿下来。”

“好咧，马上就有。”

好了，孩子们现在要用化学检测方法，来验证这批鸡蛋的真假。

他们把朱克美妈妈敲破的蛋壳放进一只烧杯里，然后滴进盐酸，盖上盖子，插上玻璃导管，导管的另一头通进装有清亮石灰水的玻璃瓶子里。

妈妈禁不住叫起来：“鸡蛋壳冒气泡了！”

爸爸也看着石灰水说：“气体过来了，啊，石灰水变浑了。”

瞿晶晶宣布：“好了，这道实验结束，可以下结论了。买来的这些鸡蛋壳，和平时我们吃的鸡蛋的蛋壳，化学成分没多大区别，都是碳酸钙。”

妈妈连忙问：“这么说，这些鸡蛋……是在真蛋壳里面灌假蛋清和假蛋黄啰？”

朱克美呛道：“妈妈，实验还没完呢，谁跟你说这些蛋壳是真的？”

“阿姨，叔叔，你们别急嘛，”瞿晶晶笑道，“刚才这个实验只能证明这些蛋壳的化学成分是碳酸钙，普通鸡蛋的蛋壳的主要成分也是碳酸钙。”

“克美，”古大明吩咐道，“你把刚才这个实验的原理讲给你爸爸妈妈听听。”

这其中的原理应该是很简单的：

碳酸钙同盐酸起反应，就能产生二氧化碳气体；二氧化碳气体通到了石灰水中后，由于石灰水的主要成分是氢氧化钙，这样，就发生化学反应，又生成不溶于水的碳酸钙，于是，石灰水就变混浊了。课堂上，老师演示制取二氧化碳气体，常常把大理石、水泥、石灰石等等拿来，让它们同盐酸起反应而获得二氧化碳气体。

他们又把水垢代替蛋壳，做了相同的实验，得到了一样的结果。

朱克美的讲解让爸爸妈妈似懂非懂，但是，他们明白，鸡蛋壳和水垢的主要化学成分都是不溶于水的碳酸钙。

孩子们把鸡蛋壳放在显微镜下仔细观察，这批“蛋壳”就现出原形了。

母鸡生下的蛋，蛋壳表面有一层透明胶膜；而这些买来的鸡蛋蛋壳的表面缺少这层保护膜。

真蛋壳的壳面有许多微小气孔，可以让里面的蛋清蛋黄“呼吸”空气；这些买来的鸡蛋蛋壳没有微孔。

最后，孩子们把这些蛋壳放在水中，加上漂白粉，煮沸。哈哈，它的原形暴露得更加清楚了：原本红褐色的蛋壳渐渐变得苍白了，而半锅沸水呢，则成了红褐色——蛋壳褪色了。

现在，最有发言权的，自然是化学课代表、鼎鼎有名的“反恐英雄”瞿晶晶了（姑姑山庄破获爆炸恐吓案后，她就被山庄员工们这样称呼着）。

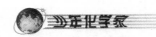

瞿晶晶说：

“这批假鸡蛋的蛋壳，一定是使用碳酸钙粉加上一定比例的色素，再加上水，在特制的模具里做出来的。就如同使用石膏粉加色素加水，浇铸石膏模型一样的道理。你们同意不同意我的推断呢？”

“同意。”

“造假的人只能这样造假。”

“铸好了假蛋壳后，加入蛋清和蛋黄，最后封口。”朱克美猜想说，“肯定是这样的。”

下一步就是检测“清糊糊”了。

第一道实验就检测出来了“清糊糊”里有红黄两种色素成分。

这次的鉴定权威是雷剑，他的一位表叔在水果酒厂做技术员。他告诉大家：

“只要从这些‘清糊糊’液体中检测出来乙醇的成分，还有姜黄的成分，就能断定里边有红黄两种色素。”

原来，红色素是从红曲中提炼出来的。现在市销的果酒、汽水等需要红色素的量极大，而红曲本身是不能直接使用的，需经提炼才能作色素添加剂。

雷剑的表叔昨天还向雷剑介绍过这方面的方法：

取50千克红曲[1]，放进陶瓷缸里，再加进200千克纯度在70%以上的酒精，并搅拌几分钟，加盖浸泡24小时，取出过滤，将上层滤渣。同第1次那样进行第2次浸泡，经24小时后，取出过滤，然后将滤渣反复进行第3次、第4次浸泡。将第1、2次的滤液倒入铝桶或者搪瓷桶中澄清几个小时，第3、4次的下层滤液重返第2批第1次浸泡缸中代替新酒精重浸。

澄清后的下层滤液，用虹吸法将澄清桶中的上浮清液吸出，蒸馏，慢慢蒸出酒精。当红色素完全成胶体时，就可以取出冷却，在室温条件下进行包装了。

雷剑说：“这些冒充蛋黄的红黄色，他们直接使用了红葡萄酒的色素，当然就有乙醇成分了。”

“还有姜黄的成分。”古大明补充说。

“是的，姜黄是制造黄色素的主要原料，从生姜里面提取。把生姜风干后，加上酒精，制作方法同红色素相同。”雷剑说道，“可是，这些‘清糊糊’里的黄色素，却是从现成的黄色饮料里搞来的，所以，还有柠檬素在里面。”

晶晶说：“‘清糊糊’里还有石膏成分。这点我最清楚。石膏也是碳酸钙的一种，它就是凝固剂。这些‘清糊糊’能有一点儿鸡蛋清和鸡蛋黄的胶状，就是这些凝

---

① 红曲：也叫“红米”，是大米的微生物发酵制品之一。将红曲霉接种在稻米上，培养而成，尤以福建古田产的红曲最著名。供制造红糟、红酒及红腐乳，并可做其他食品色素。

固剂起的作用。”

这时，门铃响了，邻居王爷爷在门外叫克美的爸爸。爸爸出去了。

孩子们听见了他俩站在门口的谈话：

“喂，小朱，看了网上新闻了吗？市面上有假鸡蛋卖了！”王爷爷吃惊地说，“我们以后可得留点儿神呢。”

“那是的，那是的。”爸爸的声音，“咳！这年头，连鸡蛋也造假。”

王爷爷问：“你们家这几天没买鸡蛋吧？”

“啊……我家……”爸爸吞吞吐吐，“这几天没买鸡蛋。”

“小朱，上网看看吧，政府正在悬赏举报制假窝点呢。”

没等爸爸进屋，孩子们已经打开了电脑，他们读到了这样一条消息①：

《衣食住行报》报道：“这年头，什么都有假，就连鸡蛋都假得下不了锅了！”9日，赵女士在星辰区的一家市场内，买了1千克鸡蛋，回家后一敲开，才发现这些鸡蛋竟与平时买的鸡蛋不同。经过咨询，李女士知道，这种鸡蛋从里到外都是人工合成的，是地地道道的假

① 2003年7月，国内各主要媒体都有相关报道。

鸡蛋。

这些鸡蛋从外表上来看，蛋壳光滑，和真鸡蛋无多大差异。但打开后才发现，蛋清不黏稠，蛋黄颜色淡，很快就与蛋清混成一团，闻上去也无鸡蛋应有的腥味。鸡蛋下锅后就散了，颜色呈白色，与真鸡蛋相差甚远。记者尝了尝，竟有一股浓浓的化学药剂味道。据当地技术监督局工作人员介绍，这些鸡蛋确实是人工合成的，在制作过程中，不法商贩把碳酸钙倒进蛋壳的模具里，这样，一个蛋壳就做好了。蛋黄和蛋清的制作过程就复杂多了，要把淀粉、树脂、纤维素、凝固剂合在一起，再加上些黄色的食用色素。

看了这条新闻，朱克美的妈妈懊悔了：“哎哟，我今天还当捡了一个便宜呢。这些挨千刀的家伙。”

爸爸说：“早知道网上戳穿了假鸡蛋的把戏，孩子们就不必辛苦这么久做试验了。”

瞿晶晶又出语惊人：“这几道实验是应该做的。朱叔叔，我怀疑，我们豆豆小屋后面，有人在造假鸡蛋！”

“真的？”

“真的。我有证据。”晶晶说。

又是豆豆小屋！这些天发生的事情，都与这个小屋牵扯上了，真是奇怪啊。

朱克美的爸爸向来爱打抱不平，碰到这种亘古未有的造假奇闻，更是气不打一处来。他催促晶晶：“有证据快拿出来，举报，让工商把这些家伙罚得倾家荡产！姑娘，有什么证据，确凿吗?”

“当然确凿！”晶晶义愤填膺，“我妈妈配置特色豆浆和豆腐，完全离不开豆豆小屋后面的那条山泉。你们知道，没有好的水质，酿酒，做豆浆和豆腐，做饮料，是完全不行的。平时，为了防止山泉被污染，妈妈和爸爸专门设置了一套山泉过滤装置。可是，最近发现，被过滤的杂物中，有许多细细的硬脂①纤维，哦，就是这些假鸡蛋里的‘鱼骨头’。”

雷剑接着说：“造假鸡蛋的人可以用这些硬脂增加蛋壳的光洁度，还可以代替假蛋清蛋黄的凝固剂，真是没良心!”

“这都是有毒的呀！”朱克美说。

这些家伙，造假鸡蛋能赚多少昧良心的钱呢？在场的大人和孩子算了一笔账：

先看看他们投入多少成本。碳酸钙、纤维素、凝固剂、食用色素……这些用料到底价值多少？这些材料再加上加工工艺，成本又会是多少？他们对假鸡蛋的原料

---

① 硬脂：也称“三硬脂酸甘油酯”。存在于许多动植物脂肪中。不溶于水、乙醚，溶于热醇、苯、氯仿等溶剂。通常由脂肪中分离而得。用以制造硬脂酸、肥皂、上浆剂等，也用于纺织品处理、皮革上光等。

价格进行核实计算后，得到了结果：假鸡蛋成本价每千克不会超过 2 元。

现在市面上鸡蛋收购价是每千克 3.6 元，零售价是每千克 3.8 元左右，按照普通商贩每天 30 千克左右的销售量，制假者一天就可以赚取 60 多元的纯利，相当于一个普通鸡蛋商贩辛苦 10 天的收入。算清这笔账，就不难理解为何制假者对小小鸡蛋“情有独钟”了。

当天傍晚，根据瞿晶晶掌握的硬脂等证据，他们打电话举报了假鸡蛋造假窝点的大致方位。

当晚，姑姑山又热闹起来。工商执法人员悄悄上了姑姑山，果然在茂密林木掩护下的一座防空洞里，发现了一个颇具规模的假鸡蛋作坊，查获了成吨的假鸡蛋，处理了十几个造假者，没收了全部造假设备，成功捣毁了这个史无前例的造假窝点。

第二天，人们谈论最多的是这次“‘捣蛋’行动”，一些媒体做了详尽报道。不过，为了举报人的安全，没有提到这群聪明的孩子。

孩子们偷着乐——执法部门兑现了承诺，奖励了 1000 块钱。他们用这笔钱，悄悄购买了一些化学实验必需的简单仪器和药品，存放在豆豆小屋，由瞿晶晶保管着。

8 明月几时有

姑姑山的夏夜是恬静的，姑姑山的夜空挺有特点——假如头天晚上晴空万里，月光明亮，次日晚上就有可能是彩云追月，甚至薄云满天。气象部门曾经多次考察这一奇巧而有规律的现象，得出的结论是，这是由于姑姑山区上升和低层大气有规律的运动形成的。

昨夜满天瓦块云，今夜就有可能是皓月当空。当地流传的看云识天气的一句谚语说："瓦块云，晒死人。"这话一点儿不假。今天一个大白天，整个姑姑镇就像一只闷罐子，晴热高温下，人们纷纷藏在家里，开着空调，躲避热魔。太阳一下山，乘着凉爽的夜风，人们纷纷走出家门，到姑姑湖和姑姑山来纳凉。

大半片月亮不知什么时候出来的，给姑姑山披上一层薄纱，朦胧的山影更显得神秘。

晶晶的爸爸妈妈在前屋的柜台上忙活着，照应着来逛夜市的游客。

后院里，晶晶和她的伙伴们在愉快地吟诗唱歌。

本来，晶晶也要上柜台的，爸爸妈妈让她在后院陪古大明、雷剑和朱克美玩玩。爸爸妈妈说："'捣蛋'行

动获得圆满成功，应该奖励晶晶和她的伙伴们。”

孩子们和着收录机的乐曲，一起唱着《明月几时有》：

明月几时有，把酒问青天。不知天上宫阙……

“停！停下！”雷剑眼尖，发现院子外面有手电筒灯光在晃动。

歌声停下后，后院传来杂乱的声音，有脚步声，说话声，还有挖掘泥土的声音。

晶晶打开院门，朝院外大声问：“谁呀？干什么呢？”

听到晶晶的声音后，手电筒关上了，接着，几个人慌乱地跑了。

其他几个孩子也跑到了后院门口。

古大明问晶晶：“怎么回事？”

“不知道。”晶晶指着后院一块大山石那边说，“黑咕隆咚的，几个黑影一闪就不见了。”

朱克美说：“是不是小偷？”

雷剑猜测：“晶晶，恐怕来者不善，准是冲着你家的珠宝来的。”

朱克美有点儿害怕地提醒晶晶说：“妈呀！坏蛋盯上你家啦！还不快到前边去，告诉你爸爸。”

“别忙。”晶晶小声说。

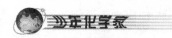

晶晶是乡村里来的孩子，常年走夜路都不怕，何况今夜还有月亮，更不害怕了。她回自己的小屋拿起手电筒，带着大家出了院门，来到那块大山石跟前。

在月光和手电筒照射下，他们看到，山石跟前的杂草被人踩得东倒西歪，山石根下，有一个刚刚挖过小坑，新翻出来的黑色泥土压在杂草上。

“这些人晚上来这儿挖什么呢？”晶晶挺纳闷。

“该不是挖你们家的墙角吧？”

“想打地道钻进来，偷你们家的珠宝？”

“别不是……”雷剑想得更远，“毁尸灭迹？”

“猴子！”古大明斥责雷剑道，“你胡说些什么呀！”

雷剑的“胡说”倒真的把两个女孩子吓坏了，朱克美惊叫起来：“啊呀！好可怕！我们快离开这里吧。”

晶晶也说：“走走走！回院子里去吧。”

等孩子们回到院子里，关上了院门。大石头跟前又来了许多人，手电筒的光亮不断射进院子里，还有许多乱哄哄的声音。

“谁挖到了宝贝归谁！”

“谁也不许抢夺！”

“这地方是我先发现的。”

“不对，是我从旅馆先听到的消息。”

“还是我先来。”

“这地方归我啦！”

“你他妈的！”

……

接下来有了打斗的声音，还有金属铁器碰撞的声音。

“打架啦！快报警！”

果真打架了，有人在“哎哟”，有人在“嘿嘿”使劲。

过了一会儿，打斗的声音渐渐远去，后院恢复平静。

这期间，孩子们始终待在院子里没敢出去，他们也没有惊动晶晶的爸爸。惊动了又怎样？他们知道，晶晶的爸爸从来就教导他们，不要轻易看热闹，弄不好，会沾火星的！

“我们回家吧。”

朱克美的提议很快得到响应，本来准备好好享受月夜美景的孩子们，不得不悻悻地下山了。

这夜，晶晶没有把刚才发生的事情告诉辛苦一天的爸爸妈妈。她做了好些可怕的梦。

第二天一大早，爸爸就被姑姑山庄打来的电话叫去了。爸爸回来后对妈妈说：

“翠萍，山庄经营部主任对我说，豆豆小屋的地基，要被挖开了。有人出大价钱拆这所房子。”

晶晶一听，急了：“爸，我们家住哪儿呢？我们不做生意了？”

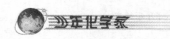

妈妈倒平静得很：“挖就挖吧，咱下山去镇上租一个门面，你开你的店，我打我的工。唉，我问你，老瞿，山庄为什么要卖掉豆豆小屋?”

“唉，只好听天由命了。”爸爸摇头，说，“一个台湾老人这次回来，是专为豆豆小屋来的。”

这时，门前有自行车的铃声。古大明他们又来了，还带来了一条“最新消息”——豆豆小屋底下可能藏着宝贝!

“这消息已经不是最新的了。”

晶晶的爸爸慢慢说起来。

原来，“文革”中，一位姓宫的小伙子因为出身不好，被下放到姑姑山看林场，住在山坡一座破烂的窝棚里。这座窝棚，就是现在豆豆小屋的屋基。

有一天，住在姑姑湖边的一个姑娘慌慌张张跑上山来，怀里抱着一只小铁箱。

姑娘来到小伙子的窝棚，哀求说：“小哥哥，我听说过，你是一个好人，救救我们家吧。”说着，把小铁箱推到他怀里，“这里面藏着珠宝，如果被造反派抄家抄着了，我们全家就会没命的！请你帮忙藏起来，快呀！求你啦!”

说完，姑娘跪下磕了一个头，把小铁盒放下，就逃下山去了。

小伙子打开小铁盒一看，里面有一对金手镯、一对金耳环、一根金项链和一根珍珠项链。在“文革”中，谁家拥有这些贵重首饰，走漏风声，被抄家抄出来了，是一定要挨整的。

小伙子不知道姑娘家是个什么样的家庭，为什么会有这些贵重物品，但是，假如被人发现有这些东西，全家的安危就很难说啦。

一座破窝棚能隐藏什么东西呢？小伙子在窝棚后面的山坡上，选定了一块大山石，然后挖了一个深深的坑，把小铁盒藏了进去。

一切弄完以后，一群戴红袖章的造反派上山来了。他们追问小伙子，有没有看见一个姑娘上山来，带了什么东西没有？小伙子一一摇头，算是应付过去了。

第二天，小伙子被镇上的造反派抓下了山，理由是，“人民的山林，不能交给一个危险的‘狗崽子’来看管”。

后来，这小伙子才打听到，姑娘家祖辈在这个古镇上开当铺，这盒首饰是当主的物品，说好了当期 20 年。可是，直到解放也没有赎回去。姑娘的父亲是个守信的商人，他恍惚记得，这些东西是离小镇不远的一户破产人家当的物品，如果哪一天人家来赎，就应该如数物归原主。就因为这样，姑娘的父亲一直偷偷保存着这只小铁盒。不料，到了“文革”，这些宝物成了全家的祸害。

打这以后，小伙子和这位姑娘就断了联系。第二年，小伙子全家在香港亲戚的帮助下去了香港，后又转道到了台湾定居下来。

碰巧的是，在台湾基隆，小伙子在大学里遇见这位姑娘，两人终成眷属。

今年春天，宫先生的夫人病重去世，临终前，夫人叮嘱他一定找机会回大陆一次，取回当年埋藏的这些首饰，好对长辈在天之灵有一个交代。

就这样，如今已是花甲之年的宫先生，昨天千里迢迢来到了姑姑镇，打算休息一下就上山来寻找首饰盒。不知是他说漏了嘴，还是别的原因，宫先生即将上山挖“宝”的消息，被镇上几个无业家伙知道了，于是，他们乘黑夜相约上山，打算先下手为强，这才发生了昨天晚上豆豆小屋后院的事情。

晶晶的爸爸最后补充道：

“宫老先生这次来，最主要的是想找到那条珍珠项链。还说，哪怕能找到几颗散珠，也要带回去。”

“爸爸，是很贵重的珍珠吗？”晶晶说，“不然，这位宫爷爷怎舍得买下这幢房子来挖珍珠呢？”

“是很贵重，都是最著名的南珠①呢。”

朱克美插嘴说：“这位台湾爷爷，还挺贪财的呢。”

“胡说！”晶晶的爸爸瞪了朱克美一眼，“你是谁家的

---

① 南珠：产于广西沿海、雷洲半岛等地的珍珠，以广西合浦出产为上乘。

丫头，这么猜忌人家宫爷爷？”

朱克美吓得吐了下舌头，躲到一边去了。

爸爸继续说：“宫爷爷和那位刚刚去世的奶奶，人家是一对患难夫妻啊。宫爷爷现在腰缠万贯，还在乎一根珍珠项链吗？”

大明说：“瞿伯伯说得对，宫爷爷是为着寻找那位奶奶的纪念物来的。”

“是这样，是这样。”瞿老师叹了一口气，感慨地说，“‘但愿人长久，千里共婵娟’啊，睹物生情，会让这位老人的晚年过得更加温馨。”

一直没有说话的妈妈，这时诱导孩子们说：

“孩子们，老人们的心思，你们是难得理解的。你们要学会站在长辈的角度想一些事情才是呢。”

这时，后院有人敲门。

晶晶打开院门，进来的是山庄保安队长冯立军，身后跟着两个民工。

冯立军一进门就喜笑颜开，和孩子们打招呼：

“啊，反恐小英雄都在这儿了。”

“冯哥哥，你好。”晶晶甜甜地叫了一声。

“好啊，好啊。”冯立军笑嘻嘻地对晶晶的爸爸说，“瞿老师，恭贺你了，豆豆小屋没事了，不挖地基了，也不会拆了，你就安心做生意吧。”

“啊！太好啦！”

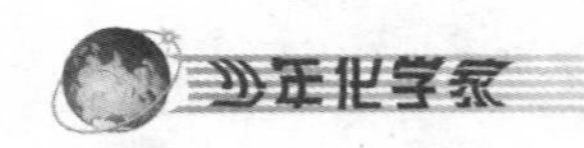

孩子们蹦跳起来，朱克美还把晶晶抱起来转了一圈。

晶晶的妈妈连忙问："那位宫老先生呢?"

"他有点儿事儿，待会儿再来。"冯队长说，"噢，宫先生昨天就来过，看准了地方，喏，就是这块大山石的北面。你们忙吧。"

冯队长带着两个民工挖掘去了。

这时，爸爸又叹了口气，摇摇头："宫老先生不一定如愿啊。"说完，到前面的柜台上去了。

"怎么了，被人盗走了吗?"雷剑问晶晶。

晶晶说："哪儿呀。40年了，珍珠还有可能存在吗?"

雷剑觉得奇怪："咦，不是最好最好的南珠吗？怎么可能不存在呢?"

古大明回过神来了："噢，对，珍珠一定不会存在了。"

朱克美最喜欢刨根问底，催促说："讲讲，讲讲，为什么?"

"为什么?"晶晶想了想，"来，我给你看一首唐诗。"

晶晶进屋拿来一本唐诗集，翻到杜甫的《客从》[1]：

---

① 《客从》：诗的大意是说，从南方来了一位客人，他送给诗人一颗名贵的珍珠，珍珠上似乎有花纹或字迹。诗人珍藏在箱中，过了好长时日，他打开箱子，却发现珍珠已经不翼而飞，只剩下一些红色的液体。

客从南溟来，

遣我泉客珠。

珠中有隐字，

欲辨不成书。

缄之箧笥久，

以俟公家须。

开视化为血，

衰今征敛无。

朱克美惊奇地问：“啊，珍珠化成水了，这是为什么呢?”

晶晶说：“你呀，老克，平时不好好学习化学，这是常识呀。大明，你当过语文课代表，你说给老克听吧。”

“还有我，也要听。”雷剑嬉皮笑脸地凑到跟前。

大明说：“大家知道，珍珠是珍珠贝的外套膜中受到刺激后产生的分泌物质聚积而成的，它的主要成分是碳酸钙，还有少量的有机质。碳酸钙难溶于水，但在酸性条件下能转变为酸式盐而溶解。杜甫住的房子漏雨潮湿，竹箱没有防潮功能，遇到水和空气中的二氧化碳气体后，珍珠就发生了化学变化，成了红色液体。杜甫不知道这些化学知识，所以就迷惑不解了嘛。”

晶晶补充说：“在珍珠的物质成分中，有90％是文石，文石的化学成分是碳酸钙，此外还有以氨基酸为主的有机质和水。这个变化是因为文石的化学成分很不稳定，天长日久，珍珠的光泽、颜色也随着变化了。对了……”

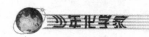

晶晶欲言又止，抿着嘴笑了笑，现出害羞的脸色。

“说下去呀。”克美催促她。

晶晶只好往下说：“你们可别乱说我啊，俗话说‘人老珠黄’，也同珍珠化水是一回事儿。人的细胞里有氨基酸，眼球里也不例外。氨基酸的有机质是容易分解的物质，人的年岁大了，随着眼球中氨基酸的分解，代谢功能衰退，老人的眼珠也就发黄了。那么，珍珠呢，不也是一样的吗？也就化为‘血’样的物质了。所以呀，根据这个道理，就能解释历代出土文物中，为什么没有珍珠出土。”

晶晶的解说，让大家都觉得很好笑。

朱克美还刮瞿晶晶的鼻子：“你个小精灵鬼，连‘人老珠黄’也知道哇！”

雷剑马上添油加醋：“人家是‘小西施’呀，当然知道变美变丑的化学知识啦。”

晶晶被他们说得满脸通红，追打着他俩：“好啊，你们合伙欺负人！大明班长，你还管不管哪！”

“哈哈，我没看见。”大明在一旁只管笑。

他们的嬉笑声，把晶晶的爸爸和妈妈引到后院来了。恰好，冯队长和两名民工也进来了。

“挖到了!”冯队长摊开一大块塑料布，“可惜，没有了珍珠项链。”

大家看到，擦去了泥土，抖掉了斑斑铁锈，一对金手镯、一对金耳环和一根金项链，熠熠闪光。

“爸爸，我们应该帮助宫爷爷，圆他的心愿。”晶晶说。

“怎么帮助?”爸爸问，“说说你的办法，我是想帮助老人。”

妈妈也说：“怪可怜的。这位老人，大老远来，不能让他失望。冯队长，你说，是吧?”

“当然，当然。可是，怎么就没了珍珠项链呢?”

“化学反应掉了！冯大哥。”朱克美调皮地说，“化成水啦。”

晶晶说：“爸爸，现在看您是不是‘葛朗台[①]’啦。”

“怎么会呢?”

“那就……请您捐献一条南珠项链。”晶晶说话中途顿了一下，好像有点儿犹豫。

妈妈说：“傻孩子，人家宫爷爷怎么会要呢?”

“处理一下嘛。”晶晶说。

大明说：“赞成，化学处理可以整新如旧。”

---

① 葛朗台：法国作家巴尔扎克的小说《欧也妮·葛朗台》中的守财奴。

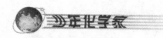

晶晶的爸爸没吭声，妈妈也沉默着。

冯队长说："我看，不必了吧？我们又没有偷他的珍珠项链，何必……"

朱克美又讽刺他了："大哥哥——你不懂老人的心哪！"

"好好好，就算我没说，你们看着办吧。"冯立军说，"晶晶，你聪明，说说，有什么好办法，能让宫爷爷认为他夫人的珍珠项链还存在？"

晶晶说："爸爸，这个，您比我更内行。"

爸爸笑了笑："无非是给宫爷爷一个'美丽的谎言'，让他信以为真是不可能的呀。你的办法是，用稀盐酸腐蚀一条珍珠项链？"

"嗯。"

其他孩子接受不了了。

古大明反对："不行不行，太浪费了！"

"多可惜呀。"雷剑也说。

妈妈说："我也觉得这样挺可惜的。这样吧，冯队长，我们送一条最好的南珠项链给宫先生，感谢他没有拆掉我们的豆豆小屋。"

冯队长马上表示赞同："这办法好，我来说服宫先生，他会接受的。"

爸爸说："是啊，睹物生情啊。毕竟项链出自他曾经生活过的豆豆小屋的宅基地。"

这件事就这样定了。

宫老先生终于没有上山来，据说，重游伤心地，他怕自己的情感受不了。他接受了豆豆小屋现在的经营者赠送给他的珍贵礼品。临回台湾前，他委托姑姑山庄，万分感谢豆豆小屋的瞿老师一家人，奉送给他家 10 万块钱，还亲笔写了“但愿人长久，千里共婵娟”条幅留作纪念。

9 凝固的证据

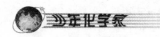

现在是一个闷热的下午，午后的太阳把水泥马路晒得滚烫后，躲进了云层，把透不过气来的湿闷的空气扔给小镇上的人们。

马路上除了偶尔来往的汽车和急匆匆出门办事的单个行人外，显得很空旷。

雷剑和古大明走在滚烫的马路上。汗水从遮阳帽帽檐里边滴落下来，流在脸颊上。

古大明的叔叔来这儿出差，带来的数码相机让古大明眼馋得不得了。他想到自己电脑上的“图片收藏”文件夹空荡荡的，就约上好朋友雷剑出门，要到姑姑山去拍摄一些风光照片，充实“图片收藏”文件夹。

雷剑呢，刚好也想上山，他要到姑姑山庄去找余瑛，请她教一教做蜡果的手艺。于是，带上熟石膏粉和石蜡，外加几种油漆，陪古大明出了门。

眼看豆豆小屋就要到了，现在，他们站在一棵大树下，能清楚地看见晶晶的爸爸在柜台后面看报纸。

“喂，猴子。”大明得意地告诉他，“咱今天多拍一些数码照片，然后存在电脑里。开学的时候，资料转让，

每幅照片下载费 5 毛，收入嘛，咱俩平分。”

雷剑呵呵笑了：“你呀，大豆，别做秋梦吧，谁稀罕你的照片呀。”

古大明也笑了：“说得开心，玩笑话呢。你想啊，新来的班主任听说我当班长的这样挣钱，刷！不罢了我的官吗？”

“大明呀，我知道你说笑话。”雷剑说，“说实话，咱应该向晶晶学习，人家不愧是化学课代表。瞧，放假这些天，晶晶带着咱干的几件事儿，多漂亮！”

“好你个猴子！咱哥们应该好好琢磨琢磨，不然，我这班长当得不窝囊吗？”

“大豆，有机会，咱哥俩儿也露一手给她们女孩子瞧瞧！”

“说的是，看机会吧。走，上山！”

说也巧，他们正愁没机会“露一手”，机会就来啦！

他俩沿着姑姑山的一条盘山柏油路往上走，豆豆小屋被浓密的树木遮住了。

走了一截儿路，他们到了一座小山包。山下，有一大片瓜地，少说也有五六亩。

天空越来越阴沉，出门前满天的白云，现在已经有些发灰了。山那边隐隐传来沉闷的雷声。一场雷阵雨在慢慢地积蓄着爆发的威力。

“我的天哪！这是谁造的孽呀！”

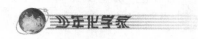

一个妇女正坐在瓜地里号啕大哭。

猴子眼尖，认出那是小镇边上的刘婶，小金瓜种得好，每年这个季节，她家的小金瓜在镇上的瓜果批发市场供不应求。

两个孩子连忙向山腰那片平展的瓜地跑去。

到了地头，雷剑忙问:“刘婶，您怎么了?”

“我的天哪！我家的瓜藤……全都……全都被人连根割断了!”刘婶坐在沙性瓜地里，满身汗水，满脸泪水，捶胸顿足。

“轰隆隆……”

山尖上响起第一声雷，好像帮着可怜的受害人鸣冤抱屈似的。

“刘婶，别哭，我是猴子。他是我的同学大豆。”

刘婶抹了把泪，挣扎着坐起来，指着近处的几兜瓜藤:

“你们看看，你们看看，谁这么丧尽天良，这么糟害我呀。瓜藤……没一根瓜藤是好的，全被、全被……割断啦!”

“这是谁干的?”

“我哪知道啊!”

“猴子，你看，沙地里有脚印!”古大明弯腰察看着，立刻端起数码相机，“咔嚓”拍了一张脚印照片。

听大明发现了脚印，刘婶止住了哭声，也踩着瓜叶，

小心地走过去看那脚印。

数码相机拍摄的效果，是能够现场查看的。3 个人看到，深深扎进沙地里的脚印很清晰。

雷剑问：“刘婶，这块瓜地的瓜，值多少钱？”

“少说也值七八千块哪！”刘婶眼泪又落下来了，“现在，瓜藤刚刚牵开，还没来得及开花……这……今年，咱家靠什么活命哪！”

大明愤愤地说：“刘婶，这个坏蛋够得上犯罪啦！想办法留下证据，报警啊。”

“对，赶快留下证据，准备报警！”猴子赞同。

慌了神的刘婶急忙拉着俩孩子，要出去打电话报警。

雷剑阻拦说：“刘婶，来不及啦。”

“怎么了？”

“看，要下暴雨了。”雷剑说，“等到派出所派人来，‘哗哗哗’的暴雨，不把脚印全毁了？”

“哎呀！那怎么办？”刘婶急了，“想办法……能不能……咳！把这有脚印的沙土铲回去？”

大明说：“那哪儿成？这沙土一动，脚印就没了。”

刘婶问：“刚才，你不是拍照了吗？”

“是啊，拍照了，可是……”大明不知该怎样说才好，“仅仅凭照片，如果坏蛋不承认，怎么办？”

毕竟不是警察啊，更不是刑侦警察，一个大人和两个孩子，在这暴雨即将来临、脚印即将被毁的当口，没能想到有什么办法留下证据。

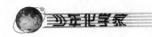

“暴雨！你偏偏这时候来！”雷剑焦急了，突然，他看到了手中的塑料袋，里头装着的不是石膏粉吗？

“有了，大豆，用石膏浇铸脚印模型！”

“好办法！猴子，我在电影里见过，侦察员就是这么干的。”

“大婶，把瓦罐拿来，我们要水。”

石膏（$CaSO_4 \cdot 2H_2O$）又称生石膏，里边有结晶水；将它加热使它失去结晶水后形成的物质就被称为熟石膏（$CaSO_4$），熟石膏的化学名称叫硫酸钙，它接触水分后可以重新结晶而硬化。

现在，刘婶从田边抱来了装着凉开水的瓦罐和一只搪瓷杯，放在雷剑面前。

雷剑把熟石膏粉倒进搪瓷杯里，然后，朝杯子里加清水，用一根粗壮的瓜藤不停地在杯子里搅拌着。

“还要加水。”大明说着，抱起瓦罐又加进了一些水。

雷剑搅拌着，搅拌着，约摸5分钟了，叮嘱大明：“大豆，用我带来的硬纸板，在有脚印的泥土上打个外围。”

“懂了。”

大明把长条形硬纸板在那脚印周围围了一个椭圆形圈圈。

雷剑端着搪瓷杯，小心翼翼地沿着硬纸板的边沿，

朝围子里面慢慢倒进雪白的石膏水。

“大明，捏紧围子，千万别松手。”

“知道。放心吧。”

由于石膏水倒在沙性土上，多余的水慢慢渗进地里了，上面的一层很快凝固起来。这时，大明慢慢松开硬纸板。一个薄薄的脚印石膏模子稳稳地趴在地上了。

“好！快要成功了！”

继续等了几分钟，看看天越来越暗，雷剑对刘婶说：

“刘婶，我来端脚印模型，您在前边引路。到您家里去。”

“好的。”

刘婶正要起身，突然发现，原先放在地头窝棚里的一把小铲子不见了。噢，在一片瓜叶下面。

“小铲子！”刘婶说，“坏蛋一定是用我这把铲子铲断的瓜藤！”

刘婶刚要上前捡起小铲子，古大明连忙拦住，端起相机“咔嚓”拍了一张现场照片，然后拎起铲子一头，说：“刘婶，不能碰铲子柄，那上面有指纹呀。”

“轰隆隆！”又一个霹雳打下来，一阵狂风席卷着田间地头的草根黄叶飞舞着。

刘婶带着两个孩子朝瓜地东头的家一阵快跑，刚刚进屋，瓢泼大雨就“哗哗”下来了。

刘婶的丈夫在外打工，女儿金香香今年 10 岁，读五年级，正在堂屋里洗菜。

“香香，快给两个侦探哥哥倒茶。”

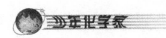

“不用了，婶婶，我们可不是‘侦探哥哥’，我俩都是中学生呢。”雷剑说，“现在要抓紧时间干活。”

雷剑小心翼翼地把石膏模型翻了个个儿，轻轻放在饭桌上。屋里的4个人都把目光投向那个鲜明的脚印模型上了。

古大明压抑不住内心的激动，说：“猴子，脚印很清晰，是一只穿着袜子的脚。”

“顶多35码。”雷剑说，声音里流露出激动，“婶婶，我这是第一次学着浇铸石膏模型啊，没想到，慌忙火急，还成功了。”

“猴子哥哥，”香香天真地问雷剑，“这就是害人的那家伙的脚印？”

“那家伙？”雷剑纠正说，“‘那家伙’大概是个女的，男匠[1]的脚没这么小，也没这么尖。看，这双袜子的后跟破了……”

“脚掌还有一根断头线！”刘婶也看出了名堂，“是一双粗丝袜子。”

“这下好了，有了脚印，就有办法找到这个害人的婆娘啦！”香香说话像个大人，嘴里也不干净地骂起人来，

---

① 男匠：方言，意为成年男子。

“妈，是不是那个黄皮子婆娘干的?”

雷剑问：“香香，哪个‘黄皮子婆娘’?”

“村西头住的，好吃懒做的婆娘，有一个女孩，还想生儿子。我妈当妇女主任时，不同意她生，她一定起了报复心！哼，我这就去找她！”

古大明连忙拦住：“香香，别打草惊蛇呀。再说，你刚才说的，只是猜想，万一不是她呢？你就是诬陷，这是违法的哟。”

刘婶说：“猴子，大豆，还有这把铁铲怎么做?”

猴子一拍脑袋：“哎呀，差点忘了最重要的事情！现在要想办法提取指纹。”

古大明说：“这可是个细致活，猴子，有办法吗?”

“让我想一想，应该没问题。”雷剑说，“看看能不能在这儿就地取材。”

屋外，大雨哗哗地下着，带着水汽的南风吹进了堂屋。刘婶走到屋檐下，踮着脚收取一挂晒干的海带。

“有了！”雷剑跑到屋檐下，问：“婶婶，这是干海带吗?”

“你要它?”

“是的。”

“能行?”

“绝对能行！”雷剑回答，又对香香说：“你家吃的是加碘盐吗?”

香香说："是的。"

刘婶催促香香："愣着干吗？快把盐钵拿来呀。"

现在，3个人都眼盯着雷剑操作，看他怎样提取铲子木柄上的指纹。

雷剑挑选了一片干燥的海带，再从加碘盐中细心拈出七八粒紫黑色的碘颗粒，把它们放在干燥的海带皮上，最后，把海带皮架空在火钳上。

大明打着了火，点燃了海带皮。

就在火苗刚起时，雷剑迅速拿起小铁铲的铁片这头，将木柄悬空在火苗上方。

"嗞嗞"、"咔咔"的声音表明，海带梗和碘颗粒被烧得起化学反应了。现在，隔着烟雾，大家看不见木柄上有什么变化。雷剑很聪明，他不让燃烧的黑烟熏着木柄，只让木柄在火焰上方受着烘烤。

火焰熄灭了。

哈哈！木柄上显现出清晰的、紫黑色的指纹来了。

提取指纹获得成功！

全世界几十亿人中，还没有发现相同的指纹。人出生后至6个月，形成完整指纹而且至死不变。因此，指纹显示是刑侦破案的重要手段。

罪犯作案时留下的指纹印是无法用肉眼看出的，但指纹印上总会留下手指表面化的微量物质，如油脂、盐分和氨基酸等。由于指纹凹凸不平，其微量物质的排列

与指纹呈相同的图案。因而只需检测这些微量物质，就能显示出指纹。

公安刑侦人员显示指纹的方法，通常有 4 种：

一、碘蒸气法：用碘蒸气熏，由于碘能溶解在指纹印上的油脂之中，而能显示指纹。这种方法能检测出数月之前的指纹。

二、硝酸银溶液法：向指纹印上喷硝酸银溶液，指纹印上的氯化钠就会转化成氯化银不溶物。经过日光照射，氯化银分解出银细粒，就会像照相那样显示棕黑色的指纹。这是刑侦常用方法。这种方法可检测出更长时间之前的指纹。

三、有机显色法：因指纹印中含有多种氨基酸成分，因此采用一种叫二氢茆三酮的试剂，利用它跟氨基酸反应产生紫色物质，就能检测出指纹。这种方法可检出一二年前的指纹。

四、激光检测法：用激光照射指纹印显示出指纹。这种方法可检测出 5 年前的指纹。

现在，在刘婶家，哪来化学试剂呢？只能“就地取材”。海带属于海藻类，是含碘丰富的海生植物。含碘盐中，通常存在紫黑色的碘颗粒。于是，雷剑来了一个双保险，让海带和碘颗粒同时“奉献”出碘蒸气，溶解进指纹的油脂中，从而获得指纹印记。

接下来，古大明端起相机“咔咔”拍起照来，清晰的指纹全被拍成了数码照片。

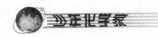

后来怎样?

大明和雷剑同刘婶一起，向镇派出所报了案，并且提供了证据。

幸亏如此啊。一个小镇的派出所，哪有现成的刑侦专家?警察立刻出动，勘查了“黄皮子”家，搜查到“黄皮子”作案时穿的破袜子，还提取了她的指纹。

后来，这些东西在法庭上起到了关键作用。连法官都啧啧惊叹:如今的孩子们啊，知法懂法，真不简单!

最终，“黄皮子”以故意损坏公民财产罪被法院判刑，还附带赔偿了刘婶的经济损失、精神损失。

10 "臭名"远扬

妈妈在厨房刚做完家务，一边洗手，一边说话。

朱克美在客厅整理沙发坐垫。

"克美，妈妈有件事儿求你。"

"哎哟，妈妈，你今天怎么了？跟女儿还这么客气？"

"你先说说，答应不答应吧。"

"那要看妈妈求我干啥？如果是好事儿，我答应，如果……"

"去去去！"

妈妈打断了女儿的"如果"，雷脾气又来了："嘿！你这丫头！把你妈看成啥样的人了？你妈妈下岗1年了，干过啥坏事儿了？妈还没开口提要求，你就嚼舌头！好啦，好啦！妈妈不求你了！哼，死了张屠夫，还吃混毛猪不成！妈不求你，照样推着地球滴溜溜转！"

呀！妈妈真的生气了。

克美赶忙跑进厨房，撒娇地贴在妈妈的后背，下巴搁在妈妈的肩胛骨上，不住地嗲声嗲气地喊："妈，妈妈，妈妈！别这样嘛。我答应还不行吗？啥事呀？"

妈妈侧转身来，扑哧一笑，说："走，到客厅去，妈妈慢慢说给你听。”

妈妈对克美说，自己闲着也是闲着，每月工厂那点儿待岗费眼看不能再拿了。靠爸爸一个人开的士挣钱，这生活还怎么过？所以，她想谋点事儿做。她看到克美和瞿晶晶亲如姐妹，就想让克美向晶晶的妈妈打探一下，看看她妈妈打工的那个“豆豆王”豆腐作坊有没有合适的杂活干。

“哎呀，这有什么。妈妈，我试试看。不过，晶晶的妈妈翠萍阿姨，也是个打工的，不知道她在老板面前有没有面子。”

第二天，好消息来了。作坊老板答应说，他们作坊准备租下豆豆小屋不远的一个门面，在姑姑山夜市专营作坊的特色臭豆腐干，正愁没有人干呢。

两好合一好。经过一番整修，克美给妈妈的小店取了一个特搞笑的店名“臭又香”，专营油炸臭豆腐干。臭豆腐的原料来源由“豆豆王”提供，而且规定，只许从“豆豆王”进货。

第 4 天晚上，姑姑山夜市上，人们发现“臭又香”臭豆腐干闻起来特臭，吃起来特香。这下子，“臭又香”名声大振，在这一带“臭名”远扬啦。

自然，克美的几个好朋友是要捧场的。不仅仅是捧场啊，一个个简直成了好帮手，连“豆豆大师”、晶晶的妈妈翠萍阿姨也乘送货的机会，在“臭又香”多坐一会儿了。

翠萍阿姨自然成了孩子们食品化学咨询的对象了。

“翠萍阿姨，臭豆腐为啥闻起来臭，吃起来香呢？”克美压着多少天的疑问，终于在这个凉爽的傍晚，当着众多同学的面提出来了。

“我给你们讲一个小故事吧。也好让你们知道臭豆腐的来历。”翠萍阿姨笑呵呵地说。

“相传清康熙年间，安徽一个名叫王致和的举人进京赶考，一连几年都没考上，为了谋条生路，干脆在京城做起豆腐生意来。有一次，豆腐没卖完，那季节又是一个盛夏，他就把大块豆腐切成小块，配上花椒等佐料腌上。到了秋后，他打开缸盖，豆腐变成豆青色了，一股臭气扑鼻而来。我的妈呀，那臭气让他简直要发晕了。坏了没有呢？他捡了几块洗干净了，还放进油锅炸得黄霜了，担心味道不好，特意加了辣椒呀，香油呀，白醋呀，好些佐料，再才小心地尝尝味道。这一尝呀，感觉别有风味。于是，他又送给邻居们品尝，大家都说：‘好香，好香！’这位王举人干脆不指望考官啦，一心一意专门做臭豆腐卖。这一下，他的‘王致和臭豆腐’名扬京城了。后来传入宫中，备受慈禧赞赏，赐一个‘青方’的名字，成为清宫御膳。”

“好走运呀！”猴子雷剑直拍巴掌。

大明捶了他一下：“别打岔，听阿姨讲。”

翠萍阿姨继续讲道："你们想知道王致和臭豆腐的诀窍吗？我家祖辈上曾经研究过。他的臭豆腐是以优质黄豆为原料，经过泡豆、磨浆、滤浆、点卤、前发酵、腌制、后发酵等多道工序制成的。其中呀，腌制是最关键的了，撒盐多少？佐料多少？都直接影响臭豆腐的质量。盐多了，豆腐臭不了；盐少了，豆腐就腐败了。王致和的臭豆腐呀，'臭'中有奇香，这要感谢一种产生蛋白酶的酵母菌，是它分解了蛋白质，形成了非常丰富的氨基酸①，所以呀，味道就格外鲜美。那么，臭豆腐的臭味怎么来的呢？这臭味呀，主要是蛋白质在分解过程中产生了硫化氢②气体所造成的。另外，因腌制时用的是苦浆水③、凉水、盐水，又形成了豆腐块豆青色的模样。"

克美连忙问："阿姨，'豆豆王'的臭豆腐，是您配的料吗？"

"是的。"

"什么佐料？"

---

① 氨基酸：构成蛋白质的基本单位。水解蛋白可获得35种氨基酸，其中20种是常见的。

② 硫化氢：硫和氢的化合物，化学式：H_2S。具有臭鸡蛋异味的无色气体，有毒，人体吸入后会引起头痛、晕眩，大量吸入会严重中毒。

③ 浆水：《本草纲目》解释，浆水又名酸浆。粟米煮熟后，放在冷水里，浸五六天，味变酸，面上生白花，取水作药用。但浸至败坏，则水有害。气味甘酸，微温，无毒。

翠萍阿姨想了想，笑笑说：“姑娘，这个……还不能告诉你。”

“这是商业机密。”晶晶说，“我和我爸都不知道的。”

“对不起，阿姨，我不是故意的。”克美连忙道歉。

翠萍阿姨说：“我家晶晶的话，只说对了一半。不仅仅是保守商业机密，还要守信用啊。我和‘豆豆王’老板有协议，答应决不做对不起他的事情，这就包括替‘豆豆王’保守配方机密了。”

“啪啪啪……”孩子们情不自禁地为翠萍阿姨的话鼓起掌来。

翠萍阿姨又动感情地说下去：“我这个人呀，读书不多，高中毕业后没考上大学。可是，我有我做人的一个顺口溜……算了，不说了。你们还小。”

“说嘛，阿姨。”“我们想受受教育。”孩子们央求着。

克美的妈妈也请求说：“瞿大嫂，说吧，我也想听听。”

“也不是啥豪言壮语，更不是什么格言。”翠萍阿姨笑了笑，说，“我这个人呀，就抱着这样一句话过生活：‘你若把我当人看待，我就把我当牛使唤，一头勤勤恳恳、老老实实的牛；你若把我当牛使唤，我就把我当人看待，一个堂堂正正、不卑不亢的人。’”

“啪啪啪啪……”孩子们又是一阵掌声。

克美的妈妈动情地说：“瞿嫂，你真……真是个好人!”

“哪儿呀，朱嫂，我只是守着本分做人罢了。”

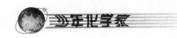

称赞好人，学做好人，可好人也不是好做的。特别是一个人不知不觉的时候，还容易做糊涂人呢。这不，没几天，克美的妈妈就差点儿糊涂了一次。

一连一个星期，“臭又香”的油炸臭豆腐干在夜市上卖得好俏。让这位朱嫂惋惜的是，“豆豆王”每天送来的货不够她用的，总是夜市还没散就炸完了，只得早早打烊，眼巴巴看着附近的小摊火热热地经营着烧烤，心里痒痒的。她知道，“豆豆王”每制作一批发酵好的臭豆腐干，需要20天左右。没有这么长的时间，那“臭味”是出不来的。

这天早上，一辆流动三轮车到了“臭又香”门前，满车黑黝黝的臭豆腐立刻让朱嫂动了心。

“大嫂，来不来一点儿臭豆腐？可以优惠。”

朱嫂掏钱买了200块，放在敞口木盆里，准备晚上炸完“豆豆王”的臭豆腐干后，接着炸自己进的这批货。

中午，克美回家看见了，觉得奇怪：“妈妈，今天的臭豆腐这么早就送上山了呀?”

“哪儿呀，我自个儿买的。”

“什么呀!”克美瞪起大眼睛，责怪妈妈，“不是说好了，货源只能用翠萍阿姨的吗?”

“可，不够用呀。”

“哎呀！”克美急得跺脚，“你这样做，和翠萍阿姨商量过了吗？”

“商量什么。”妈妈的雷脾气又要来了，“关你什么事！”

不过，这回，女儿可不怕她的“雷脾气”，反而大声批评她：“你也太不珍惜品牌啦！‘豆豆王’的品牌，还有咱家‘臭又香’的招牌，只怕是都要被你砸啦！”

嗬，女儿的这顿火力猛烈无比，做妈妈的哪里受得了哇？娘俩争吵起来。

爸爸这时回来了，也站在女儿这边，批评妻子不能这样。

朱嫂一肚子委屈："我究竟做错了啥呀？我忙活着，挣钱，不是为着这个穷家吗？你们父女俩……"

朱嫂突然不吱声了，原来，是翠萍亲自蹬着三轮车送臭豆腐来了。她看着木盆子里的臭豆腐，马上明白是怎么回事了。

"朱嫂，不是我责怪你，你不该这样啊。"翠萍嫂埋怨道，"难道你不知道，你买的这些是假货吗？"

"假货？"

"当然是假货啊！"翠萍嫂说完，把手里的一张报纸递给了她，"你好好看看吧。"

朱嫂接过报纸，细细地看起来：

本报记者多次暗访发现，令不少人爱吃的臭豆腐干子，竟有相当一部分是化工原料弄"臭"的——即用硫化碱①、硫酸亚铁②按 1∶1

---

① 硫化碱：又叫硫化钠，也叫臭苏打、黄碱。纯硫化钠可用做皮革脱毛剂。

② 硫酸亚铁：天蓝色或绿色单斜结晶或颗粒。无臭。工业上用于制造铁盐、墨水，用做煤染剂、鞣草剂、漂水剂、木材防腐剂及消毒剂等。

的比例用水兑成臭水后，再浇到豆干上，使豆干迅速变黑变臭。有关专家据此指出：这些化工原料对人体或多或少有伤害。

为弄清虚实，前日，记者找到一家豆腐坊。老板热情招呼：“买豆腐还是干子？”

“臭干子，有吗？”记者问道。

“有，但明天才有货。”

记者指着装满黑水的大缸问：“那就是臭料吧？”

老板点头称“是”，拿出一袋发着恶臭的东西说：“是这种东西遇水变的。”

“这是什么？”

老板眉头一皱，不再说话。

为避免暴露，记者称明天再来看看。

第二天，记者再次来到该处对老板说，自己想开间豆腐坊，希望老板指导。见记者确有诚意，老板低声说，昨日所见发臭原料同它反应后，会变黑。臭干子的臭水由此而生。最后，他劝告记者，配料不可乱说，不然，知道是化学物品还有谁敢吃？

看完了报纸，克美的妈妈呆呆地坐在那里半晌不动，愣了半天才把报纸一扔，站起身骂自己：“我这人怎么这么傻呀！前几天买了假鸡蛋，今天又买了毒臭豆腐。唉！我这个人哪，怎么这么糊涂！”

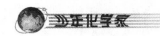

翠萍嫂在一旁劝道：“朱嫂，知道就好了，以后得多几个心眼儿啊。”停顿了一下，她又担心地说，“我担心，‘城门失火，殃及池鱼’，得想办法保护好我们的‘豆豆王’产品才是。”

翠萍嫂的话不幸言中。当夜，前来吃油炸臭豆腐干子的食客锐减，拖来的原料没有用上一半。

大人的事儿，孩子们自然也操心。他们集中到了豆豆小屋，围着他们崇拜的化学课代表瞿晶晶，商讨对付的办法。

“有了！”晶晶一声大叫，提起了伙伴们的精神，“老克，你妈妈的假货还有没有，快去拿点儿来！”

晶晶真不愧是行家里手。克美拿来几块假干子后，她说出了自己的主意：

“真假干子的区别，人们从表面上是无法识别的，又不可能让顾客用 pH 试纸去检验它们的酸碱度。但是，假干子有一个致命的弱点——由于它是在半小时内造成的“黑色”和“臭味”，豆腐干子里定然缺少真干子必有的酵母菌。

“我们让食客当场察看干子里的酵母菌，不就能让食客放心吃我们的‘豆豆王’原料制成的‘臭又香’臭干子吗？”

朱克美问：“那，操作起来麻烦吗？”

“麻烦什么！”晶晶到后院拿出用姑姑山庄奖励的钱买的一台显微镜，很快从真干子里看到了酵母菌菌体，而在假干子里根本没有酵母菌的影子。

酵母菌在显微镜下很好识别。它属于单细胞真菌①。它们的模样，孩子们在生物课实验中都见过。酵母菌一般呈现卵圆形、圆形、圆柱形或柠檬形。菌落②形态与细菌相似，但较大较厚，呈现乳白色或红色。生殖方式分无性繁殖和有性繁殖。无性繁殖有芽殖③和裂殖两种。解脂假丝酵母等当环境条件适宜而生长繁殖迅速时，出芽形成的子细胞尚未与母细胞分开，又长了新芽，形成成串的细胞，那模样有点儿像沙漠里单个生长的成串的仙人掌，犹如假丝状，故称假丝酵母。酵母菌分布很广，在含糖较多的蔬菜、水果表面分布较多，在空气土壤中较少。

---

① 真菌：菌类中的一大群体。多数种类的菌体为由单细胞或多细胞分枝的菌丝组成的菌丝体，少数种类为单细胞。

② 菌落：也称“集落”。一般指单个菌体或孢子在固体培养基上生长繁殖后形成的肉眼可见的微生物集团。

③ 芽殖：也称“出芽繁殖”。菌类（如酵母菌）的营养繁殖方法。芽殖时，母细胞的局部向外凸出，其细胞核经分蘖而有一子核移入凸出部分，如此在母细胞上形成一个子细胞（即芽），芽逐渐增大，与母体脱离，即成新个体。有时，子细胞尚未脱离母体，又不断地生芽，形成群体。后文的“裂殖”属母细胞分裂繁殖，有点儿像电脑病毒自我复制生成许多相同病毒的方式。

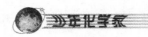

酵母菌的维生素、蛋白质含量高，可做食用、药用和饲料用，又是提取多种生化产品的原料，还可用于生产维生素、氨基酸、有机酸等。

“就这么办！”

孩子们的决定，很快付诸实施了。

古大明还用数码相机拍下了显微镜下看到的臭干子里的酵母菌的“尊容”，把它放大打印成彩色说明书，镶嵌在镜框里，挂在“臭又香”的门口；挂图下边，就是他们设置的显微镜。食客可以任意挑选要油炸的臭干子，用牙签挑选一点儿样本，放到显微镜下面观察。

克美就对食客说：“哎，有菌的是臭干子，无菌的是毒干子啊！放心吃呀！‘臭又香’的油炸臭干子‘臭名’远扬啦！”

这天夜里，别说是吃臭干子的人，就是不想吃的游客，也来凑热闹，看看臭干子里酵母菌的模样。

哈哈，姑姑山上，豆豆小屋旁的“臭又香”的奇事，一下子被媒体炒作出去了。

“臭又香”真的“臭名”远扬啦！

11 “火贼”之谜

姑姑镇的一片老房子要拆掉，近百户居民被临时安排在姑姑山庄前面的临时住宅里。这些临时住宅3天就盖好了，全是煤渣砖砌成的。由于煤渣砖内空隙多，再加上每块砖在压制成形过程中都有两个椭圆形窟窿，用这样的砖块砌成的平房墙壁具备优良的隔热效果。住在这样的简易平房里，不开空调也凉快得很，真像“避暑山庄”啊。

古大明和雷剑两家也搬上山来，朱克美一家就住在“臭又香”门面里。这样一来，最要好的伙伴成了邻居，晶晶太高兴了，成天哼着歌儿出出进进。

更让晶晶高兴的是，因为古大明和雷剑帮助刘婶破了案，刘婶从卖宠物狗的亲戚那里抱回来4只可爱的小狗，送给了4个孩子，以示酬谢。不几天，4个孩子就把可爱的小宝贝训练得俯首帖耳了。

下午，朱克美来到晶晶家，一进门就大着嗓门儿说：“瞿伯伯，你这儿有司机检测器卖吗？不不不，不是买，是借。我们家穷，买，是买不起的。”

“这孩子，说话像燃放连珠炮似的。”晶晶的爸爸呵呵笑了，“你说什么？‘司机检测器’？”

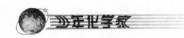

“噢，就是检测司机喝酒的检测器呀。”

晶晶从后院走出来了，“咯咯”笑着说：“你个老克，我们家哪有那玩意儿卖呀！再说，那也不叫什么‘司机检测器’呀。”

克美笑了：“反正，就是能检测司机有没有喝酒的仪器，交警们常常使用的。”

晶晶的爸爸说：“那个玩意儿一定很贵，你要它干吗？检测你爸爸喝酒？”

“瞿伯伯，您真好，不抽烟，不喝酒，还能挣大钱，真是个好爸爸。我要是有您这样的爸爸呀，一定天天守着您，孝顺您。”

“哟！瞧你这孩子说的，哪有女儿嫌弃爸爸的？”

克美趴在柜台上，叽叽喳喳说开了她爸爸：

“我爸爸呀，简直就是个酒鬼。唉，我妈妈成天替他提心吊胆。您说，开的士的人，哪能喝酒啊？我爸却蛮有理的：‘我就喝点儿啤酒，也不多喝，怕啥？那些警察呀，大概是没有奖金发了，就冲着我们这些司机发横。’您说，他这叫啥呀？我妈说：‘得借一个检测酒精的仪器回来，把你爸爸给管住！’这不，妈妈就让我上您这儿来了。怎么办呢？哪地方有这玩意儿借？晶晶，你出个主意吧。”

晶晶想了想，说：“主意倒有一个，不用借，也不用买，我帮你做一个。”

“真的？”

“当然，”晶晶手一招，“咱到后院去，马上就能行。”

晶晶住的房间隔壁有一间小房，专门用作她的化学实验室，里头的那些仪器药品，都是上次获得的奖品。

克美和晶晶一齐动手，把需要的东西拿到小院子的水泥桌子上。

“我们就把它叫做‘验酒器’吧。”晶晶说着，找出了一小瓶溶液，再加一块胶橡皮，“这是三氧化铬溶液，这是硅橡胶。用的时候，用棉球蘸点儿溶液，涂抹在这块硅橡胶皮上，让你爸爸张嘴对着橡皮呼一口气，如果看见呼出的气是蓝绿色的，就证明喝过酒了，那，咯咯咯……就交给你妈妈处置吧。”

晶晶想到克美的爸爸被她妈妈整治的狼狈相，忍不住，没说完话就笑了。

“灵吗？”

“应该灵。三氧化铬是一种强氧化剂，而酒精呢，也叫乙醇，它具有还原性，两种物品发生反应后，就能生成硫酸铬。硫酸铬的颜色是蓝绿色的。根据这，你和你妈妈就能断定你爸爸嘴里有没有酒精蒸气了。你看，它们反应的方程式。”

晶晶在纸上写下了下面一列式子：

$$2CrO_3 + 3C_2H_5OH + 3H_2SO_4 = Cr_2(SO_4)_3 +$$

$3CH_3CHO+6H_2O$

克美高高兴兴地走了。

克美到家，把这玩意儿给妈妈看了。

妈妈说："美美，使这玩艺儿，你爸爸不会生气吧?"

"妈，您怎么了？这是为咱爸好啊。他的安全，就是咱全家的安全嘛。"

"说得也是。"

傍晚，爸爸回家吃饭。他把的士停在后院里，没有关上院门，就急匆匆进了屋。

妈妈已经做好了晚餐，坐在桌子旁边。

"嗬，好香啊。"爸爸一屁股坐在凳子上，尝了一口粉蒸肉，"可惜，这么好的菜，没有酒喝。"

妈妈笑了笑，喊道："克美，拿酒来给爸爸喝。"

"来啦!"克美从里屋出来，手里的一只镊子夹着一块橡皮，对爸爸说，"爸，张开嘴，对着它哈一口气。"

"干吗?"

爸爸不知就里，顺从地张开了嘴，哈了一口气。当他看见哈出的气呈现蓝绿色时，后悔得把头往旁边一侧，大叫："坏啦，坏啦！上当啦。不该……"

妈妈冷笑着说："不该咋啦？迟啦！你个酒鬼，中午喝酒到现在，还有这么明显的显示。老实坦白，中午喝了多少酒？警察没有逮住你吗？漏网之鱼!"

爸爸脸红了："这……这……"

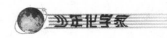

“喝你个头哇!”妈妈的声音大了。

眼看妈妈的雷脾气又要发作，克美连忙责怪：

“妈妈，你看你，爸爸辛苦了一天，刚回家坐下，你就大吼大叫的，我再不跟你合作了。”

克美的话还真有分量，妈妈终于笑了，对爸爸说：

“你呀，老朱，应该吸取教训啊。这酒，哪一天要是……”

爸爸沉下脸来，看了看母女俩，感动地说：

“谢谢你们哪，谢谢。真的，你们为我这么操心，真难为你们了。克美，你爸爸坚决戒酒。真的!”

“嘻嘻，坦白痞子!”

妈妈笑了，连忙给爸爸倒了一杯椰奶，说：“凉快凉快吧，我们都喝椰奶。”

克美倒有点儿后悔了，心想，早知道爸爸答应戒酒这么容易，何必费劲搞什么“测酒器”呢?

这一个晚餐，吃得快快活活的。

“爸，”克美夹了一块油炸藕夹①，放进爸爸的小碟子里，问，“你把车停在院子里，晚上不出去跑了?”

“哪能不跑车呢?唉!小偷太厉害，我的一个兄弟，

---

① 油炸藕夹：南方水网地域民众的家常菜，把莲藕切成薄片，两片藕中间夹上拌有葱、姜、胡椒、精盐等佐料的鲜肉馅子，然后在夹好的两片藕片外层裹上发酵过的面粉糊，放进油锅炸得发黄。皮脆内酥，很可口。

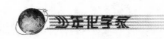

把车停在路边餐馆门前吃饭，大白天，就被小偷偷走了。防不胜防啊！可恶的……”

爸爸的话还没说完，就听见后院传来的士报警声：

“呜呜——呜呜——呜呜——呜呜——”

一家人赶忙起身，跑向后院。

傍晚的夕阳中，一个穿湛蓝色夹克衫的男人在的士前门旁边，猴着腰，鬼鬼祟祟的。

“干什么！”

爸爸一声大吼，跑上前去。

夹克衫已经用玻璃刀划开了驾驶室旁的玻璃，听见爸爸的吼声，立刻砸破玻璃，手伸进车内，抓起一只小包，转身就逃。

“放下！”克美急了，“你这人怎么光天化日……”

夹克衫转身跑出了后院。

爸爸在前面追，克美和妈妈在后边追。

“抓小偷！快抓小偷啊！”

街上竟然没有一个人！

本来，这儿就不是一条正规大街道，只是姑姑山景区的一条上山便道。

小偷跑着跑着，停下了脚步，背对着追来的人，低了一下头。

乘小偷停下的当口，爸爸猛跑几步，追到了小偷跟前。

就在这时，一件意想不到的事情发生了！

就在克美和妈妈也快要追到小偷跟前的时候，那家伙突然转过身来，两眼露出凶光，张开嘴猛力向外一喷——

“呼——”

天哪！一股火舌呼呼地朝爸爸扑过来。克美看得清清楚楚，那股火舌就是从那家伙嘴里喷出来的。那面孔啊，实在狰狞，两只眼睛瞪得像灯泡，蒜头鼻子下，一张大嘴就像个魔鬼。

爸爸来了一个侧身，躲过了喷向脸部的火舌，衣领却被点燃了。

爸爸拼命扑打后背的火，妈妈和克美使劲拍打，很快打灭了。

可是，夹克衫乘机逃跑了。

“夹克衫”盗车的事儿，立刻在姑姑山引起轰动。尽管克美的爸爸报了警，警察来到现场转了转，没有发现任何线索，还对他的讲述表示怀疑。

“你说的是真的吗?”一个黑瘦的小警察问，“那个人当真口里吐出了火焰?”

克美的爸爸气愤地说：“怎么不是真的！你看看，我的衣领，这不都烧掉了吗?”

“不会吧?”

“怎么不会?”

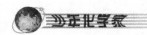

黑瘦子警察摇摇头："你们这些村民哪，老喜欢把事情说得严重又严重，玄乎又玄乎。你们以为这样讲，我们会重视，是吧？告诉你，报假警，可是要负法律责任的哟！"

克美的爸爸气急了："你这个警察，怎么这样对待老百姓！你看看，我的衣服被烧坏了，不是事实吗？"

"鬼知道是不是吃火锅把酒精炉子碰翻了？"

克美的妈妈终于发火了，开口大骂："放屁！你是哪来的警察？连国民党的警察都不如！"

黑瘦子警察哪儿见过这样的村妇？他也火了，叉着腰凶狠地吼叫道：

"放肆！你敢辱骂人民警察？"

"骂了你又怎么样？'人民'个狗屁警察！"克美妈妈的雷脾气再也无法控制了，骂起来也不管语法了，还更凶，"你是哪家生下的崽子，这身制服让你糟蹋啦！"

吵闹声惊动了街道两旁的人们，有的从窗户里探头张望，有的走出家门看热闹。围观的人渐渐多起来。

黑瘦子警察恼羞成怒，吼叫道："好你个泼妇……"

他的骂声还没有完，周围的人们就起哄了："不许骂人！"

"哪见过这样的警察呀！"

"放着盗贼不抓，冲着老百姓耍啥威风哪！"

"真不像话！"

黑瘦子警察大概察觉到失态，狠狠瞪了克美的妈妈一眼，丢下一句：“你等着！”转身骑上摩托车走了。

晚上，克美带着被烧坏衣领的短袖棉布衬衫到了豆豆小屋。晶晶把大明和雷剑叫了来，一起听克美讲了两小时前发生的可怕又奇怪的一幕。

晶晶的爸爸自然不能旁听，他要招呼夜市的柜台。晶晶的妈妈今夜上夜班，也不在家。

听完了，大家首先探讨夹克衫口吐火焰的秘密。

“会不会是特异功能?”雷剑喜欢武术，首先这样猜想。

克美说：“只怕是魔鬼出现了?”

晶晶打断了克美的胡说，不满意地哼了一声：“都什么年代了，老克，你怎么朝那个方面想呢?”

大明说：“这个场景，我好像在哪儿见过。可是，一时又想不起来了。”

大明的一句话提醒了晶晶：“噢，大明说的话让我想起了一个魔术……”

“对对对！”大明一拍巴掌，“我想起来了，在镇上看过这样的魔术，魔术师表演口吐火焰。”

晶晶说：“噢，太简单了！这是个魔术。那个夹克衫玩了一个白磷的把戏。白磷很容易溶解在乙醚、二硫化碳这些有机溶剂中。白磷燃点很低，约为35℃，放在空气中可以自燃。所以，化学老师说，人们常常把白磷储

存在水中。

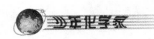

“那个夹克衫一定是这样干的——他事先把白磷溶解在酒精里，然后装在一只玻璃瓶中。克美的爸爸逼近了，他转身含了一口酒精在嘴里，然后用力喷出来。今天傍晚时分，马路上的气温在39℃以上，你们想，在这样的气温下，白磷不会借助酒精很快燃烧起来吗？”

大明说：“好家伙，这个夹克衫这样干，一石三鸟啊。”

到底是喜欢文学的孩子，说起话来文绉绉的。伙伴们聚精会神听他讲下去。

“第一‘鸟’，他用这办法吓唬人。咱们镇的人谁见过这阵势？人们一定会传说：‘呀，不得了啦！有火魔出世啦！’他以后作案更大胆方便。”

“对对对，我刚才就这样想呢。”克美不好意思地笑了。

“第二‘鸟’，他用这办法可以攻击受害人，达到借机逃脱的目的。今天，他不是从克美家3个人面前成功逃脱了吗？”

克美连连点头：“对对对。当时，我们顾着灭火，他就逃跑了。”

“这最后一‘鸟’嘛……我觉得最可怕，不好说，我想，不会是危言耸听吧？”

雷剑听得正过瘾，连连催促大明说下去。

大明想了想，说：“这家伙是善者不来，来者不善。他还有更危险的动作，那就是利用手里一瓶危险的酒精，在狗急跳墙的时候，纵火！然后呢，趁火打劫！”

“啊！”两个女孩子惊叫起来。

雷剑说：“你们想，小偷一般是夜深人静作案，哪有光天化日作案的？‘夹克衫’因为要为他的酒精武器创造条件，就选择大白天，特别是高温酷暑来干。”

大明点头说：“说得有道理。继续说。”

“所以，克美，回家告诉你爸爸妈妈，晚上可以放心睡觉。这事儿呀，警察不管，咱们管到底！”

伙伴们沉默起来。

雷剑肯定地说：“我敢说，‘夹克衫’明天还要在大白天干坏事儿的。”

晶晶问：“我们能行吗？”

克美说：“不行咋的？那个臭警察，一辈子都不想见他！”

大明说：“我倒想起一个帮手。”

“谁？”

“姑姑山庄的保安队长冯大哥。”

“好！”

“同意！”

“干！”

大伙一致同意，明天就请冯哥哥一起守株待兔。

大明最后说："这事儿有点儿玄乎，不能让家里人知道。大家说，行不？还得带上点儿防身的东西。"

大家郑重地点点头。他们商量好，明天一早集体撒谎，就说带上各家的小狗，上山驯狗去，特邀姑姑山庄的退伍驯犬员冯队长做现场指导。

嘿，这个集体谎言编得多合情合理呀。

不过，毕竟是孩子，想到明天要同一个亡命之徒真枪真刀地干，心里都打着小鼓。孩子们眼巴巴地指望冯哥哥明天能给他们壮胆。

⑫ “魔鬼洞”擒“魔”

又是一个燥热的清晨，姑姑山满山的林木就像是绿色的石膏雕塑一样，静静的，纹丝不动。

太阳像个勤快的大铁匠，早早地钻出了山坳，趁热打铁似的把一夜还没散尽热量的山林大地搁在它的火炉上，继续加温。

4只小狗伸着长长的舌头，一个劲地哈气，以求散发多余的热能，跟在它们的小主人身后上了山。

孩子们走上了豆豆小屋后院的一条小路，约摸5分钟后，到了一个三岔路口停下，等待姑姑山庄的保安队长冯立军。

“汪汪！汪！”下面的山路上传来狗叫声。

4只小狗听见了同伴的声音，兴奋地朝山下“呜呜”哼着，张望着，不安地左右蹦跳奔跑起来。

孩子们呼唤着各自小狗的名字，安抚它们别惊慌。一时间，“阿黄”、“白泡”、“虎克”、“黑子”的呼叫声，纷纷从孩子们嘴里发出来。尽管如此，小狗们还是各行其是。它们可听不明白谁是谁。毕竟从宠物店来到这陌生的地方，刚刚认识小主人，情感培养还没形成条件反射。

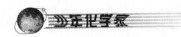

不一会儿，从豆豆小屋那条小路上蹿出一条身材高大的黑色狼狗。它的身后，紧跟着冯立军。

“汪汪汪!”

大狼狗叫着朝山上跑来。

“巴顿！巴顿！回来!”冯立军叫了两声，大狼狗折返身子回到冯立军身边。

冯立军和孩子们会合了。大狼狗和 4 只同伴在一块儿，摇头摆尾，你追我逐着。

雷剑指着大狼狗问：“冯哥，它是从哪儿弄来的?”

“我曾经的伙伴，巴顿。”冯立军拍拍大狼狗，“认识一下，这都是我的朋友。”

巴顿低下头，逐一闻闻 4 个孩子的脚背，算是记住了主人的朋友了。

晶晶说：“冯哥，从来没听你说过它呀。”

“我退伍，它也退伍啦。”冯哥惋惜地说，“几门军事考核它都不合格，和我一样，算是在部队上混了几年。它太善良了，没有军犬的军威。可是，挺重感情的，退伍时，部队首长就破例让它送我一程，这一送，它就不回去了。我们山庄容不得它，只好把它寄养在山下一个亲戚家里。”

“我还以为……”朱克美嘴快，讽刺道，“名儿叫得威风，‘巴顿’，我还以为像美国的巴顿将军一样，八面威风呢。嘻嘻，名不副实。”

冯立军不在乎克美的讽刺，呵呵笑着说：“你们不是让我来帮你们驯狗吗，我总得为你们的小宝贝们聘请一位老师啊。”

大明说：“冯哥，你真的以为我们请你来驯狗的吗？这只是一个幌子啊。”

“幌子不幌子我没多想，我只觉得，多一个朋友，说不定我们就少一份麻烦。”冯立军毕竟是成年人，在部队待过，见识同中学生孩子不同。

雷剑问：“冯哥，你当过兵，你判断一下，‘夹克衫’今天还会在姑姑山露面吗？”

“难说。对这些人，不能用军事眼光看他们，他们的行为无规律可言。不过，这家伙昨天没有得逞，可也没有倒霉呀。应该说，他的心态处在有恃无恐当中，他有可能再来一次。”冯立军分析说，“说不准，昨天，那个瘦黑警察拒绝调查的情况，‘夹克衫’躲在什么暗处听到看到了。我想，他知道了警察们不管这事儿，他更会在今天重来一次装神弄鬼的。”

他们正说着话，山下突然传来呼喊声：“抓住他！抓抢劫犯！”

“来啦！”冯立军对大家叫了一声，“你们听，那家伙果然故伎重演！走，大家跟着巴顿。”

“汪汪！”巴顿叫着就往三岔路的另一条小路跑去，4

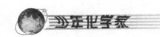

只小狗像过年似的，蹦蹦跳跳跟在巴顿后头，也向山下跑去。

这条小路是往山背面去的，当他们跑到一个向山顶方向拐弯的新路口时，正碰上气喘吁吁的余瑛，她的身后还跟着种瓜的刘婶和小姑娘金香。

余瑛的制服衣袖上，有一块被火烧过的糊斑。

余瑛看见了这群孩子，又看见了冯立军，连忙叫起来：

“冯队长啊，好可怕呀！火！喷火的一个人！抢走了我的提包！”

这时，5 只狗不安地原地打着转转，不时朝山顶方向叫唤着。

“追！”冯立军牵着巴顿的皮带，拍拍巴顿的头。

“汪，汪汪。”巴顿回头招呼它的同类，然后闻着路上的气味，钻进了密林。

人们跟在大狗小狗身后，慢慢向山背后搜索而去。奇怪啊，几只狗这时不吭声了，默默地朝前走着，好像懂得不打草惊蛇的道理。

密林里很安静，人们到达的地方，偶尔飞出来一只小鸟。太阳的热能在密林里积蓄了不少，闷热的空气让人们汗水涔涔。

搜索了十几分钟，突然，他们清楚地看到，林中的一片野草有被人踩过的痕迹，一条丛林小路，把他们引

到了一个草木掩映的山洞洞口。

雷剑小声说：“冯哥，这里有一个山洞。”

“这是什么洞？”冯立军问孩子们。

孩子们纷纷摇头，表示不知道。

“您知道吗？刘婶。”冯立军说，“您是姑姑山人。”

刘婶也摇摇头，小声说：“不知道，姑姑山的山洞只有一个，在山前，叫姑姑洞。这个山洞……没听说过。”

冯立军招呼大家蹲下，说：“看来，我们看见的这个洞口，是一个新目标，无人知晓。我们不可贸然进去。”

大明问：“让小家伙们进去探探？”

“我就是这个意思。”冯立军拍了一下巴顿的头，“巴顿，进去看看！”

巴顿立刻带领着4只小狗，“汪汪汪”地叫着，钻进了山洞。

可是，不一会儿，洞里传来了狗们的惨叫声，那声音就好像遇到了什么危险。

“不好！”冯立军站起身，抽出腰间的电警棍，“大明，猴子，跟我过去看看。”

4个女孩和刘婶哪里在后面待得住？也悄悄摸上前去。

不一会儿，巴顿惊叫着跑了回来，可没见4只小狗回来。

当人们摸到洞口时，全都惊呆了：4只小狗躺倒在那里。

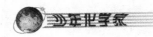

这是怎么回事？是逃进洞内的“夹克衫”喷火烧死了它们？不，不应该是这样的。死狗的皮毛全都完好无损，没有一点儿火迹。那么，小狗们怎么这么快就死了呢？

冯立军正要躬身前去察看情况，被一只小手拉住了。

这时，只听见晶晶小声说：“不行！后撤。冯哥哥，让你的巴顿留在洞口。我知道这个情况。”

后退20多米，晶晶向大家讲了一个“死狗洞”的真实故事。

在意大利有一个“死狗洞”，狗一进去就会死亡，人走进去却没事儿。

为什么会有这样奇怪的现象呢？迷信的人说：“洞里住了个专杀狗的妖怪。”

有一天，一位科学家来到这个洞，想看看里面到底有没有“妖怪”。他在洞里到处找，始终不见什么“妖怪”出来。只见岩洞的顶上倒悬着许多钟乳石，一敲就会响，地下丛生着石笋，湿湿的泥土里冒着气泡。科学家走出洞对大家说，他找到了“妖怪”。这个“妖怪”是碳的氧化物——二氧化碳。

二氧化碳是从哪儿来的呢？

原来，生长钟乳石和石笋的岩洞，在地质构造上属于石灰岩溶洞，石灰岩的主要成分是碳酸钙，它在地下深处受热分解就会放出二氧化碳气体。含二氧化碳的地下水，会溶解石灰岩中的碳酸钙，生成溶于水的碳酸氢钙。当含有碳酸氢钙的地下水渗出地面时，由于压力降低，碳酸氢钙就分解出二氧化碳气体。二氧化碳比其他气体重，它从水里逸出后积聚在地面附近，就形成了半米左右高的二氧化碳气层。

二氧化碳会使人和动物窒息。但是，人只要在洞里站着，而不是蹲下或躺下，二氧化碳气层只没到膝盖，虽然会有少量二氧化碳扩散开来，但它仅使人们感到不舒服，不会要人的性命。而紧贴地面行动的狗，则完全淹没在二氧化碳气层里，所以会窒息而死。

那么，巴顿也是狗呀，它怎么没事儿呢？还用问吗？瞧瞧巴顿高大的身架，二氧化碳没不到它的口鼻嘛。

听完了晶晶的介绍，冯哥哥心里有数了，说：“我们只要不蹲下，不趴下，不会有问题吧？”

晶晶说：“这个山洞是不是意大利的‘死狗洞’呢？我们可以试一试。”

“怎么试？”

“用火吧啊。”

“对的。”雷剑说，“二氧化碳不帮助燃烧，氧气才助燃。”

他们重新回到洞口，冯立军点着了一根树枝，举着火把试探着。洞外的风往里吹，火焰直往洞里头方向飘

去，可是，他把火把往下移动，挨近地面时，火焰突然熄灭了。

“好！”晶晶说，“这的确是一个‘死狗洞’了。”

大明说：“那个家伙在不在洞里呢？”

“可以喊话嘛。吓唬吓唬狗东西！”说完，克美大声喊了一句，“喂——你再不出来，我们就不客气啦！”

回声在洞里“嗡嗡”起来。

这时，雷剑来了一个好主意，他说：“你们听见了吗？听老克的回声，就知道这是个死洞，没有出口的，而且很浅。我有一个办法，让‘夹克衫’自个儿滚出来。”

雷剑故意大声吓唬：“你听着！这洞里有毒气，你再不出来，我们扇扇子把毒气搅起来，毒死你！”

一阵“嗡嗡”的回声过后，冯立军又让巴顿对着洞里边“汪汪汪”地一阵大叫。那叫声挺吓人的。

大明大喊：“我们开始扇毒气啦！”

孩子就是孩子，他们当真操起树枝树叶，站在洞口朝里边胡乱地扇起来了。

哈哈！又一件意想不到的事情发生啦。

只听见洞里传出来响亮的咳嗽声，紧跟着就传来喊话的声音：

“救命——我投降——投……降……”

声音很紧，渐渐近了。

好啊，“夹克衫”终于歪歪倒倒到了洞口了。就在他站不稳要倒下的时候，冯立军一个箭步冲上前去，扶起他软绵绵的身子，两个男孩上前架住了他。

到了洞外，“夹克衫”脸色苍白，挣扎着说：“二氧……化碳……救护车……救我……”

这是怎么回事儿？“夹克衫”那么长时间躲在山洞里没事儿，孩子们一扇树枝叶，就把他弄成这模样了呢？甭问，还是二氧化碳作怪，它虽然比其他气体沉重，可毕竟是空气呀，经孩子们一搅和，它和上层空间的空气混合起来了，造成闭塞的山洞里缺氧了，还能不被憋得喘不过气来吗？

冯立军赶忙打电话给山庄，叫来了一辆小车……

万幸啊，“夹克衫”在医院里被抢救过来了。

真险，假如“夹克衫”被二氧化碳憋死在山洞里，那么，这些孩子们，特别是冯立军可就惹下人命关天的大祸啦！

13 失窃的尿布

现在要讲讲那个黑瘦子警察了，他的小名叫黑猴子。

他怎么了？被解聘了。原来是个“土警察”呀？是的，姑姑山派出所违规临时聘用的。

警察也能聘用？真是乱套啦。

这不，冯立军带着孩子们逮住了“夹克衫”，算是破了一个大案，也暴露出姑姑山派出所工作的漏洞。公安分局通报批评了姑姑山派出所的“不作为”，撤换了派出所的领导，又派来了新的所长和管片民警张帆。

先说这个黑猴子吧。他被解聘后，房子也被拆迁，搬到姑姑山上的临时住所了，刚好住在雷剑的隔壁。这倒好，雷剑的外号不是叫猴子吗？这个邻居也叫猴子，只是前面多了一个“黑”字。所以呀，邻居们有时省略了那个“黑”字，直接叫他“猴子”，弄得雷剑误答应了好几回。

黑猴子可以说是“屋漏偏逢连阴雨”，一个倒霉事儿连着一个倒霉事儿来——刚刚被解聘，爱人就生孩子了。

爱人坐月子倒霉啥呀？咳，你不知道，一连几天晒在门口的娃娃的尿布片，老是被人偷走。

你说，姑姑山这地方怪不怪？连小偷都怪，偷人家娃娃的尿布片干啥呀？

黑猴子越想越生气："哼！欺人太甚，我要报案！"

黑猴子跑到派出所，找到片警张帆："张警官，我来报案来啦。我家娃娃的尿布片被人偷了。"

张帆是刚从警校毕业不久的小伙子，个头虽高，可还是个学生娃娃脸。一听这话，忍不住哈哈大笑起来："黑猴子哥，你是不是被解聘了，心里不舒服，找我穷开心来了？"

"什么开心不开心？"黑猴子一脸正经，"我来报案，人民警察人民选，选好警察为人民。你这个警察别学我那个警察，别不管事儿，不然，刷！和我一样，卷铺盖走人。知道吗？小兄弟，立案吧。拜拜！哼！"

黑猴子一声"拜拜"，拂袖而去，把年轻的张帆警官弄得愣愣的，半晌没有回过神来。

这个黑猴子，说的是些什么话呀？"人民警察人民选"？警察是'人民选'出来的吗？简直是……这是哪门子事儿呀？

张帆把这事儿给所长汇报了。

所长说："甭理他，这个无赖。"

张帆不放心，提醒所长说："所长，万一真有这事儿，我们不闻不问，他告我们一个'不作为'……所长，原来的……原来的所领导，还有这个黑猴子，不就是因为……”

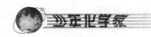

张帆尽管说得吞吞吐吐的，所长还是听明白了，马上交代：“你说得对，应该当回事儿，去了解一下情况再说。”

1个小时后，张帆回来了，向所长汇报说：“是真的，他媳妇儿坐月子，孩子的尿布片他洗，晒在外头没一会儿工夫，就被偷走了。”

“会不会是风吹走的？”

“不会，有铁夹子夹着。”张帆接着提供了黑猴子的一个猜疑，“他怀疑，会不会是一群孩子搞的恶作剧？因为，前几天，为了那个喷火盗窃犯的事儿，他得罪过其中一个孩子的家长，那孩子的妈妈和他对骂过。所以，他有怀疑。”

听完了张帆的汇报，所长说：“这样吧，搞清楚事实真相，给他一个明白的交代，就算你完成任务了。咳，这个猴子，尽给我们添乱子。这号人哪，不料理好他们，闹起乱子来也够咱们伤脑筋的。”

张帆接受任务后，就直奔“臭又香”门店去，向朱嫂说明了来意。

朱嫂没好气地说：“小张警察呀，我女儿克美不在家，上豆豆小屋同学家去了。孩子们搞不搞恶作剧，我可不知道。再说了，这样的古怪事儿，你还来调查，算是认真的。如果黑猴子前几天能像你这样对待老百姓，也不会……算啦，以后，这些无聊的事儿，别再来烦我们啦。怪事儿，娃娃的尿布片儿也有人偷？鬼才信呢，黑猴子是拿你们开涮吧？他当不成警察，心里妒忌得发慌吧？”

张帆来到豆豆小屋，和瞿老师打了招呼，就进了后院，听见一阵嘻嘻哈哈的笑声。

看见一个警察进来，雷剑立刻主动礼貌地问好：

“警察哥哥好！来调查尿布片的事儿吧？”

“大家好！我叫张帆，新来的。我的工作希望得到你们的支持。”

“没说的，张帆哥哥！”朱克美笑嘻嘻地说，“刚才，猴子已经把这件怪事儿说给我们听了，真逗！哈哈哈哈……”

晶晶腼腆地笑了一下，对张帆说：“那个黑猴子怀疑是我们搞的恶作剧吧？你相信吗？”

“我……嘿嘿，嘿嘿。”张帆摘下大盖帽，不自然地笑了，“同学们，我也是从你们那个中学出来的，我们应该是同学了。说心里话，假如真的是你们闹着玩的，也就承认了；如果不是你们，那……”

“咳，警察同学！”大明不知道怎样称呼张帆，就这么叫了，“你不想想，我们这些同学可不是一般的中学生呢，这个暑假还只过了一半，你知道，我们干了多少有意义的的事情吗？噢，我忘了自我介绍了——我，古大

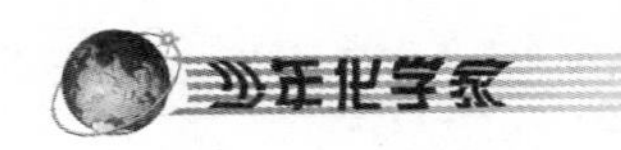

明，班长；这位，瞿晶晶，化学课代表；这位，朱克美，学习委员；还有这位，雷剑，普通同学，但是，绝对不是‘闹药’。”

张帆看到孩子们一脸正经的表情，相信他们绝非无聊少年，一个想法终于从嘴里说出来了：“好极了！同学们，我这个学生哥哥相信你们，还愿意和大家交好朋友。现在，我有一个想法，你们愿意听吗？”

“愿意！”

“我想请你们注意观察一下，看看究竟是谁偷走了尿布片。”张帆停顿了一下，想了想，“我来所里不久，就听到了关于你们的许多事迹，我相信你们一定能够给我一个好消息！”

雷剑站起身，一拍胸脯：“警察大同学，这事儿好办！就交给我吧，我就住在黑猴子家隔壁。保证不出……不出今天，就能破案！”

“真的？”

“当然！”雷剑自信地看着张帆的脸，“军中无戏言！”

“太好了！”张帆站起身，给了雷剑一个电话号码，说：“有了结果，就打这个电话，这是我的手机号码。”

果然，下午，张帆就接到了雷剑的电话：“喂，张帆哥哥，偷尿布片的人我知道了，我给拍下了照片，你来一下。”

“是谁？”

雷剑的回答让张帆吃惊不小："还能是谁？就是黑猴子他坐月子的老婆！"

"什么！"张帆一下子来火了，"丈夫晒尿布片，老婆偷尿布片，丈夫又来报案，这是……这是干啥呀？"

"我们正在研究这件怪事儿呢。"电话那头传来雷剑嘻嘻哈哈的笑声，旁边还有叽叽喳喳的孩子们说话的声音。雷剑继续说："我们都在豆豆小屋，你愿意来吗？"

张帆立刻换上短袖便装，骑上自行车，顶着午后的烈日，赶到豆豆小屋的后院。他刚刚结识的几个中学生都在小院子里，茂密的葡萄架下，这些孩子在小桌子上忙活着。张帆只看见桌子上放着几只小药瓶。

见他进来，雷剑立刻用一根葡萄藤支起一块湿漉漉的长条形布片，调皮地迎到他面前，嘻嘻哈哈地说：

"警察哥哥，这就是娃儿的尿布片，你闻闻，臊不臊？"

"你这小猴子，"张帆笑着用手推开了尿布片，"你怎么参与盗窃了？"

朱克美立刻纠正张帆的话："哟，好吓人，'盗窃'这个词从你这个警察哥哥嘴里说出来，咱可受不了。"

大明说："我和猴子一起去，带上了数码相机，看，这就是黑猴子的老婆偷自个儿娃娃尿布的一套照片。"

大明拍摄的照片是连续的。第 1 张是黑猴子晒尿布，第 2 张是黑猴子走出小院，第 3 张是他老婆从窗户里伸出头来张望，第 4 张是他老婆伸手取下尿布片上的铁夹子，第 5 张是尿布片落到他老婆手中，第 6 张是他老婆关窗户的镜头。

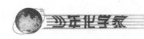

猴子说："不过，我先下手为强，在他老婆动手之前，就先拿下了一块尿布片，他老婆没有发觉。"

"哈哈，你这小猴子，还不承认是'盗窃'。"张帆开玩笑地说，"你想取一个样品，拿到这儿来，请晶晶这位小化学家研究研究，是吧？"

晶晶腼腆地一笑，说："你这个警察哥哥还蛮好打交道的。我哪儿敢称化学家呀？刚才还和我们的老师通了电话，老师说，化验一下尿液，兴许能找到答案。"

"什么答案？"

"就是他老婆为啥要偷走自己娃娃的尿布片啊。"

"有眉目了吗？"

"这不，按照老师说的，我们正准备检测娃娃的尿液嘛。"晶晶说着吩咐她的朋友们做事，"猴子，把尿布片剪成几小块；老克，从我抽屉里把棉球棍拿来；大明，你制取一点儿氧气出来。"

实验室制取氧气的方法很多，大明采用的是用酒精灯给紫黑色的二氧化锰加热，试管里一会儿就有了氧气。试管的另一头有一个密封的软木塞，一根导管从软木塞中穿过，把试管中产生的氧气导向水槽中。他把一只干净的玻璃瓶倒置在水中的导管口上，氧气就源源不断上

升进入玻璃瓶中，直到把瓶中的水全部排走，一瓶氧气就收集完了。

“猴子，夹一片尿布，在氧气瓶上试试看。”晶晶吩咐道。

啊，这一试不打紧，众目睽睽下，尿布片上的尿液立刻变成黑黢黢的了！

“果真是黑尿！”大明惊叫起来，“老师的猜测是对的！”

“别忙，再检测一下。”晶晶沉着地在另一块尿布上滴了一滴三氯化铁溶液，尿液一下子变成深紫色了。

孩子们全都惊讶地叫起来：“啊，真有这样的事儿呀！”

“其实，也没什么呀！”

“到医院去看看医生嘛。”

中学生们的话，张帆听不明白，他问：“是不是黑猴子的娃娃有病？”

晶晶回答说：“是的，我们老师说，这种病叫‘黑尿病’。你进来看，刚才，老师给我们发来的电子邮件。”

张帆在晶晶的电脑上看到了以下内容：

有一种病人的尿，在空气中会变黑，被称为“黑尿病”。这是一种“常染色体隐性遗传病”。

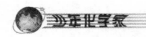

人体细胞中有23对染色体，其中一对决定性别，称为“性染色体”，其余22对与性别无关，称为“常染色体”。

在人的23对染色体中，每一成对的染色体都称“同源染色体”。同源染色体相对或相等位置上的基因，称为“等位基因”。两等位基因相同的个体，称为“纯合体”（比如AA和aa）；两等位基因不相同的个体，称为“杂合体”（比如Aa）。杂合体时，性状的表现若只由其中一个基因（如A）决定，则这个基因称为“显性基因”，未表现的称为“隐性基因”（如a）。因此，在个体中显性基因只要成单存在就能表现出来，而隐性基因必须成双存在才能表现。

人体内有种物质叫酪氨酸，它可以从食物中得到；在正常人体中（纯合体AA或杂合体Aa），它可以转变成尿黑酸，并进一步分解成二氧化碳和水：

$$\text{酪氨酸}\xrightarrow{\text{AA 或 aa}}\text{尿黑酸}\longrightarrow\text{二氧化碳}+\text{水}$$

因此，正常人尿中不存在尿黑酸。但在黑尿病患者（纯合体aa）体内，尿黑酸不能继续分解而从尿中排除。尿黑酸本身无颜色，但在空气中放置一段时间后，就会与氧作用而变成黑色物质。碱性条件能促进尿黑酸变黑，所以，如果用呈碱性肥皂洗这类尿布，不但洗不白，反会更黑。

黑尿病虽然无多大危害，但有时可使软骨和关节等部位产生色素沉淀，严重时可患关节炎。治疗这种病不能依靠药物，只有从基因上想办法才行。

知道了这个娃娃尿液的真实情况，下面的调查就好办了。

张帆告辞了这些中学生，去了黑猴子家，终于弄清了整个“案情”。

原来，黑猴子和他老婆的家族有遗传病史，他们的上辈是姑舅姨“亲上加亲”的近亲结婚，才给后代留下了这种遗传病。黑猴子的妻子看到刚出生婴儿尿黑尿，害怕丈夫责骂她，才演出了这场偷尿布片的蹊跷事儿。

晚上，雷剑将化学老师讲的道理告诉了黑猴子夫妇，让他们不要太过于挂心，今后有机会去看医生就行了。

黑猴子感动万分，对雷剑说：“前几天，我那么对待你们，真不应该啊！你们却这样诚心帮助我，叫我今生今世也难忘你们的恩德啊！”

“没关系的，咱们是梁山上的朋友，不打不成交嘛。”雷剑诚恳地说，“猴哥，还有什么为难的事儿，你只管讲

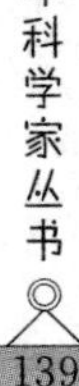

好了。谁叫我们是邻居呢?”

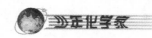

“那好，那好，嘿嘿，嘿嘿，”黑猴子乐坏了，吞吞吐吐地说，“以后，别叫我猴哥，行吗？我也有个名儿呢。我妈生下我姐姐，有点儿傻，哦，就是你们说的痴呆症，3岁时落到水坑里淹死了；后来就生下了我，老二，取了个大名儿，就叫刘二。”

“好，好，以后我们就叫你刘二哥。”雷剑十分同情这个新邻居了，他想，若不是近亲结婚，他会落到这样智商不高的地步吗？本着一颗善良的同情心，雷剑真诚地问：“刘二哥，你家娃娃要治好这个毛病，一定得不少的钱呢？你打算怎样挣钱呢?”

刘二眼圈红了，半晌才说：“小雷子兄弟，我这样叫你可以吗?”

雷剑点点头：“叫雷剑也行，叫我猴子也行，叫我小雷子更亲热，可以的。刘二哥，姓名嘛，只是人的一个符号，对不对?”

“符号?”刘二愣了一下，“符号是啥？挂在脖子上的护身符吗?”

这下子雷剑吃惊不小了，心里不知道是什么滋味。21世纪的年代，一个村民连“符号”这样的话也听不明白。啊，这位哥哥将来怎样生活啊!

雷剑没敢把心思挂在脸上，赶忙打岔说：“不说这些了，刘二哥，你刚才想说什么?”

“我想求你们这些中学生帮帮我，发家致富，好攒点儿钱给娃娃治病。你看，可不可以和你那些好同学说说？”

“好啊，刘二哥。有志气！说吧，只要我们能办到的。”

“那……明天我请客。”

“用不着客气，我们都是学生……”

“不不不，你莫要往别处想。我想，明天请你们上我妈家，请你们划船。”

“请我们划船？在哪儿？”

“姑姑湖啊，我妈住在湖边。”刘二满脸真诚，“顺便，帮我妈指导指导，怎样把一水塘的鱼养好。”

雷剑一听说可以划船，心里直痒痒，他和小伙伴们还从没到波光粼粼的姑姑湖上荡过双桨呢。可一听说要指导他妈妈养鱼，心里就没谱了。

“明天请刘婶一道去，准行。”雷剑心里打算着，“她家里养过鱼。”

14 对猴弹琴

山里的雨，湖里的风，就像疼爱孩子的慷慨老人，凌晨时分不打一声招呼，就“呼呼啦啦”“轰轰隆隆”送给了这些懂事的孩子。

山风席卷了一天的酷热，暴雨荡涤了逼人的暑气，人们终于拥有了大伏天难得的凉爽天气。

天明后，暴雨收班了，白白的高层云像一块望不到边的大凉棚盖，高高地平铺在洁净的蓝天上，只把习习的凉风留在了清新的姑姑湖面。

听，一平如镜的姑姑湖上传来了孩子们愉快的歌声：

让我们荡起双桨，
小船儿推开波浪，
湖面倒映着美丽的白云，
四周环绕着城镇农庄。
小船儿轻轻
飘荡在水中，
迎面吹来了凉爽的风。
……

《让我们荡起双桨》[1]，这首唱了几代人的歌儿，人们非常熟悉的旋律，此刻从孩子们稚嫩的嘴里唱出来，并作了即兴改动，宛若一幅清新淡雅的水墨画，让坐在小船上的刘婶听了，如醉如痴，惬意地摇摇晃晃。

“妈妈，好听吗？”女儿金香和哥哥姐姐们唱了一段后，歪着脑袋问。

“好听，好听！”刘婶一脸笑意，回忆说：“这歌儿，我们做孩子的时候就唱过，多好听啊。”

“再唱，嘿嘿，好听，真好听。”在船尾划桨的刘二笑道。

雷剑问：“哎，刘二哥，你也和我们一块儿唱啊。”

“嘿嘿，我……我不会唱歌，这歌儿我也不会。”

“哈哈哈哈……”

大明、克美、晶晶和香香都笑了。调皮的克美还对刘二刚才的话点评了一句：

“刘二哥不会唱歌，说话还挺有文采的呢——‘不会唱歌儿，歌儿不会唱’，有板有眼的呢！”

“哈哈哈……”

---

① 《让我们荡起双桨》：乔羽词，刘炽曲。原词“海面倒映着美丽的白塔，四周环绕着绿树红墙”被孩子们即兴修改为“湖面倒映着美丽的白云，四周环绕着城镇农庄”。

孩子们又开心地笑了。

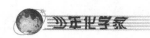

甜嘴的晶晶说："刘二哥，如果嫂子和你的宝贝娃娃能来划船，就更乐了。"

说到"娃娃"两个字，刘二的心思又来了，他放慢了划桨速度，担心地说："哎，还不知道我娃娃的病能不能治好，我又没有那么多的钱。"

刘婶安慰他说："年纪轻轻的，唉声叹气干吗？把你那十几亩水塘的鱼养好了，还愁没有大把大把的钞票吗？"

刘二感激地说："刘婶儿，今天能把您这位养鱼行家请来，算是我今生有福啊。待会儿上岸后，您得好好看看我那鱼塘，用啥法子才能保住鱼苗呀。"

"知道，知道。"刘婶说，"我可说不出啥大道理，就知道叫你怎么做。我还得好好看看呢。这不，晶晶他们还带来了什么 PP 试纸呢。"

晶晶纠正说："婶儿，不是'PP'试纸，是检测 pH 值的化学试纸。"

刘二问："养鱼，还要'化学狮子'干吗？是化学玩具吗？"

"哈哈哈哈……"

可怜的刘二啊，他的问话逗得孩子们笑出了眼泪，一个个拍手顿脚，弄得小船左右晃荡起来。

"哎呀，可别乱动！我们已经在湖心了，这儿的水可

深呢!”刘二赶紧加劲摇动船桨，稳住了晃荡的小船。

经刘二提醒，大家看到，刘二他妈妈家所在的湖岸，现在已经只能看见一条细线了，而对岸公路上行驶的汽车看去也像玩具车似的。无论朝前划，还是回返去，都有 1 千米多的距离。

“哎呀！我的鞋子湿了!”

朱克美一声惊叫，把所有人的注意力都吸引到她的脚下了。刚才小船一晃荡，她的旅游鞋全湿了，再一细看，是船底板漏进来的湖水在小船晃荡的时候透过隔板缝隙，把她的鞋子弄湿的。

在刘二指挥下，大伙赶紧揭开隔板，用随身携带的喝水杯子、矿泉水瓶子，往船舱外面舀水，大约 10 分钟，漏进来的湖水舀干了。一检查，原来是前舱底有一道 10 厘米长、2 毫米宽的裂缝，湖水就是由这里神不知鬼不觉地渗进的。

刘二长长地舒了一口气，安慰大家说：“放心，不会有事的。大概是船搁在岸上久了，几天没下水，被日头晒裂缝了的。”

湖水还在涔涔地往小船里头渗漏，就在刘二说话的当口，又有一些湖水漏进来了。

“不行，不能将就的！这么多人，这么大的重量，不比一条空船!”刘婶对刘二说，“小缝隙会慢慢弄大，那可就危险了！要赶快想办法堵塞!”

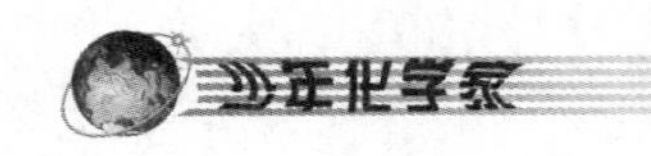

刘二一听，脸色紧张起来，在后舱到处找堵漏的物件。他找来一块破抹布，在缝隙处试了试，根本不起作用。他笨手笨脚地要用小刀往缝隙里塞抹布，吓得刘婶脸都白了，一把夺过了他的小刀：“哎呀！危险呀！”

连孩子们都惊呆了——这不是挖肉补疮吗？小刀下去，万一把细缝隙挖成了窟窿，那就不得了啦！

就在这紧急时刻，晶晶问：“谁带肥皂没有？”

刘二说：“我这儿有臭肥皂，做啥用？”

晶晶说：“快拿来给我，用肥皂可以堵漏。”

大家动手把漏进船舱里的湖水用抹布抹干，晶晶赶忙用肥皂在缝隙处来回使劲摩擦，黄色的肥皂一层又一层涂抹在缝隙处。

现在，所有人的眼睛都盯着这条黄色的“肥皂线”，只见还有一些湖水渗漏进来，湖水和肥皂慢慢混合后，晶晶又在上面加了好几层。渐渐地，漏水停止了。

大家这才松了一口气。

刘二立刻调转船头，加劲往回划。

大家不时看看那条“肥皂线”，看到一直没有湖水再渗漏进来，一颗颗怦怦跳动的心这才放下来。

这一切，刘婶看在眼里，喜在心里。这如今的学生娃娃，好些尽管书念得不少，可是，不会做一点儿实际事儿，差不多成了“书呆子”。可是，眼前的这些孩子，却能“急中生智”。就拿上次雷剑和大明帮她破了砍瓜藤

的案子，用石膏弄到了脚印，用海带弄到了指纹，不都是真才实学吗？今天，这个晶晶女娃竟然想到用肥皂来堵漏，真是绝了！人们平时使用肥皂，都知道肥皂最容易化到水里去，可今天，肥皂怎么不化到湖水里去，反而像“油石膏”似的，把漏缝给堵上了呢？

小船在往回划，湖面上清风习习吹来，孩子们又嘻嘻哈哈说笑起来。

她想了想，问：“晶晶娃，你说，这肥皂怎么能堵住湖水不进舱来呢？”

刘二问：“是啊，肥皂怎么不化到水里去呢？”

晶晶腼腆地笑了笑，说：“刘婶，刘二哥，这个道理嘛，他们都应该知道的。克美，你给说说吧。”

“我曾经写过一篇调查报告，调查的对象就是姑姑湖的水质。”克美慢慢说开了，内容是她那篇调查报告的翻版。

原来，姑姑湖的水来自姑姑山上。姑姑山是一座以石灰岩为主要地质成分的山，长年累月的流水里溶解了大量的碳酸钙、碳酸镁、氢氧化铁、氢氧化镁等矿物质，使得姑姑湖成为一个“暂时性硬水湖”。

水有软硬之分。

凡不含矿物质或含矿物质很少的水是软水。蒸馏水完全不含任何矿物质，是绝对的软水。雨水含矿物质极少，也属于软水。矿泉水、井水，通常含矿物质较多，所以是硬水。大多数地域的人们日常饮水多源于河水，河水通常由雨水汇集而成，含矿物质也不多，即使有一些矿物质，经过自来水厂加工处理，一般钙镁元素含量能达到或符合健康饮水标准。

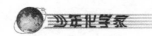

姑姑湖的硬水对人们的健康有什么妨碍呢？这一点，环保部门早就做了取证、调查和研究，得出的结论是：饮用姑姑湖的水，有益健康。

这是为什么呢？

人们对水壶结垢，开水有些沉淀物，从直观上有反感，并认为这样的水太“硬”，钙质多，喝了易得结石病。其实，人们不必对水垢太存戒心，过勤清除水垢的措施也非必要。

科学研究证实，喝含钙、镁离子多的硬水，患心血管病的机会就越少。因为我国中老年人普遍需要补钙。钙、镁是人体必需元素，补充一定的钙、镁离子，对人的健康是有益的。

如果通过加热能够析出水中钙、镁离子，则此水质为“暂时硬度”；若加热后水中的钙、镁离子不析出，则此水质为“永久硬度”。我国“生产饮用水卫生标准”中允许每升水中有碳酸钙（镁）450 毫克，世界卫生组织规定每升水含 500 毫克，这个量是有科学根据的。所以，除非饮用水中钙、镁离子含量过高，否则，不必采取过多的去除水垢的措施。

“至于说，肥皂为什么堵住了船漏？这个问题，可以用一个化学反应式来说明。”克美“刷刷”几下，在纸上写了一道反应式，递给晶晶，“小专家，看看是不是这样？”

$$3NaOH + FeCl_3 = 3NaCl + Fe(OH)_3 \downarrow$$

$$2NaOH + MgSO_4 = Na_2SO_4 + Mg(OH)_2 \downarrow$$

“是这样的，对，对，还可以写一些反应式出来。这只是氢氧化钠与氯化铁、硫酸镁的反应式。”晶晶把纸条递给其他同学看，解释说，“我是从肥皂的化学成分，想到了姑姑湖水质的成分，灵机一动，想到了用肥皂堵漏的办法来的。

“氢氧化钠是肥皂的成分之一。氢氧化钠是一种重要的碱，是一种白色固体，极易溶于水，溶解时放出大量的热。其水溶液是无色透明的液体。氢氧化钠固体在空气中容易吸收水分而潮解。‘容易吸收水分’这一点，决定了氢氧化钠固体可以做干燥剂，比如干燥氢气、氧气等等，但是不能用来干燥二氧化碳气体，因为氢氧化钠能跟二氧化碳发生化学反应。

“氢氧化钠具有碱的通性，碱性很强，腐蚀性强，所以人们给它的俗称是烧碱、火碱、苛性钠。它很容易和大多数非金属氧化物及多种酸发生反应，生成盐和水；也很容易和许多盐溶液发生反应，生成难溶性碱。所以，化学上常用氢氧化钠制取难溶性碱，如氢氧化镁、氢氧化铜、氢氧化铁等等。

“克美写的第1个化学方程式，表达的内容是：无色氢氧化钠溶液滴入黄色氯化铁溶液中，有红褐色沉淀生成。完全反应后，试管内的液体变为红色。

“克美写的第2个化学反应式，表达的内容是：无色氢氧化钠溶液和无色硫酸镁溶液反应，有白色沉淀生成。

“这样，沉淀物不溶解于水，就好像变硬了的水泥、石膏一样，把船漏给堵上了。”

晶晶说到这里，问刘二：“刘二哥，听清楚了。”

“原来，肥皂也能变成水泥和石膏啊，这姑姑湖的水真好。”

“哈哈哈哈……”

大家一阵笑把刘二弄糊涂了。

“唉！”晶晶无可奈何，“对牛弹琴。”

雷剑小声纠正说：“不对，应该是对‘猴’弹琴。”

他的话音虽小，还是被刘二听见了。刘二不在乎地笑着说：“对对对，你们不要再‘对猴弹琴’了，我没有你们的文化高。”

⑮ 揣在衣兜里的“狮子”

小船终于安全地靠上了湖岸。孩子们高兴地哼着歌儿，吹着口哨，从船头蹦上了岸。

刘二搀扶着刘婶最后上岸，刘婶的脚刚刚踩上岸边黑泥地，孩子们就自动走在她的后面，拘谨地望着护坡堤上走下来的刘二的妈妈。刘大妈很苍老，满头枯槁的银发和额头深深的皱纹，看上去像古稀之人，其实也只有 50 多岁。

到了近前，刘大妈就迎上前来，笑嘻嘻地对老少客人们做着欢迎的手势。

刘婶赶忙拱手答礼，说：“大妈好啊！我也姓刘，是一家子呢。”

刘大妈只是笑着点头，然后转身引着客人们朝堤内的家里走去。

孩子们一窝蜂似的跟在刘大妈身后，跑上了堤坝，转眼间就消逝到堤坝里头去了。

刘大妈一言不语，让刘婶一愣。她关心地问刘二：“怎么，大妈不能说话?”

刘二一脸苦涩，点点头，低声说：“我娘……是哑巴。”

“噢！好可怜！那……你爹呢?”

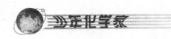

“爹去世10多年了，在姑姑山开山炸石头的时候，一块大石头滚下来，被砸死了。”

刘婶的心里一阵发酸，觉得眼圈潮了，悄悄背过身去抹了一把泪，转头对刘二说：“刘二啊，冲着你这苦命的家，我今儿个说什么也要帮你帮到底!”

“那就代替我娘，好好谢谢婶婶啦。”刘二说着弯腰鞠了一个躬。

两人走上堤坝的时候，看见孩子们已经在刘大妈热情的带领下，到了一大片藕塘边，争抢着刘大妈为他们准备的莲蓬。

这片藕塘足有两个标准足球场大，现在是盛夏，满塘看去，荷叶却稀稀拉拉，有的荷叶已经折断枯黄，歪斜在水里，好像提前进入了秋天一样。

“不好吃，不好吃，怎么不香不甜啊!”最小的香香一边吃着莲蓬，一边不住地咂嘴，“还有一点儿涩口。”

朱克美对雷剑说：“哎呀！我的莲蓬不好，尽是‘瞎子’[1]。唉，猴子，你一个人抢了那么多，给大家平均一

---

① “瞎子”：莲蓬在抽穗扬花的时候，由于各种原因造成母体受精不均匀，导致有的莲子没有受精，最终没有发育成完整的果实，只有空壳。孩子们习惯地叫它们是“瞎子”。

下嘛。”

孩子们坐在藕塘边，把脚伸进水里，一边打水，一边吃莲蓬。尽管不甜不香，总算有点儿东西吃。

唉，刘大妈家好穷苦啊，不然，她怎么会拿这些涩口的瘪莲蓬来招待孩子们呢？

刘二苦笑道：“这水塘啊，养鱼不长鱼，栽藕不长藕。今年，有几个带瞎子的莲蓬，还算是好的呢。”

刘婶猜测说：“刘二，大概是这水塘的水不好，养不好鱼，栽不好藕。”

这时，晶晶扭过头问：“怎么不用 pH 试纸测一测呢？”

晶晶从衣兜里掏出一叠装订在一起的淡淡颜色的小纸条条，接着说：“这就是 pH 试纸，化学上离不开的测试物质中性、酸性或碱性的标尺。你看，这藕塘里的水质，明显地呈现酸性。”

刘二惊讶地看到，晶晶撕下一张小纸片，伸进水里去一蘸，再拿出来看，那被水浸湿了的变成淡红色了。

刘婶也没见过这样的“纸条”，就问：“姑娘，这纸条真好，是你发明的吧？”

旁边的孩子们又乐了，七嘴八舌开起晶晶的玩笑来：“晶晶，你是发明家啦！”

“快去申请专利呀。”

“去去去！”晶晶假装生气，“你们谁能说说，pH 试纸是怎么发明的？发明人是谁？”

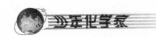

晶晶这一问，倒还真的把大家给问住了。

“不知道吧？”晶晶得意地说，“你们哪，就知道乱起哄。听我给你们说说吧。

“那是在300多年前的一个清晨，英国年轻的科学家波义耳正准备到实验室去做实验，一位花木工为他送来一篮非常鲜美的紫罗兰。波义耳随手取下一支带进了实验室，把鲜花放在实验桌上开始了实验。他没留神，有少许盐酸沫飞溅到鲜花上了。

“为洗掉花上的酸沫，他把花放到水里，一会儿发现紫罗兰颜色变红了。当时波义耳觉得好新奇，他想，一定是盐酸使紫罗兰的颜色变成红色的。他立刻返回住所，把那篮鲜花全部拿到实验室，取了当时已知的几种酸的稀溶液，把紫罗兰花瓣分别放入这些稀酸中，结果现象完全相同，紫罗兰都变为红色。他又推断，不仅盐酸，其他各种酸都能使紫罗兰变为红色。他想，这太重要了，以后只要把紫罗兰花瓣放进溶液，看它是不是变红色，就可判别这种溶液是不是酸。后来，他又弄来其他花瓣做试验，并且制成花瓣的水或酒精的浸液，用它来检验是不是酸。同时用它来检验一些碱溶液，也产生了一些变色现象。

“他还采集了药草、牵牛花、苔藓、月季花、树皮和各种植物的根……泡出了多种颜色的不同浸液，有些浸液遇酸变色，有些浸液遇碱变色。有趣的是，他从石蕊苔藓中提取的紫色浸液，酸能使它变红色，碱能使它变蓝色，这就是最早的石蕊试液，波义耳把它称做指示剂。为了使用方便，波义耳用一些浸液把纸浸透、烘干，制成纸片。使用的时候，只要将小纸片放入被检测的溶液，纸片上就会发生颜色变化，从而显示出溶液是酸性还是碱性。今天，我们使用的石蕊、酚酞试纸、pH 试纸，就是根据波义耳的发现原理研制而成的。”

香香听得入神了，以为还有故事，问：“晶晶姐姐，讲啊，讲啊。还有些词儿，我没听明白。”

“讲完啦。”

刘婶接上了女儿的话头：“晶晶，你说的‘皮艾曲’值是啥呢？”

晶晶把克美推了出来，说：“克美，轮到你这个学习委员当讲解员啦。给他们讲讲 pH 值吧。”

克美清清嗓子，说：“好吧，我可讲不明白的，只有这样的水平。如果再听不明白，我可就……没辙啦。”

克美介绍说：“pH 是代表溶液里氢离子浓度的一种符号。科学家发现，物质溶解于水以后，就分离成阴阳两类离子。物质不同，溶解在水里的两类离子也不同，总含有氢离子和氢氧根离子。当溶液中氢离子浓度大于氢氧根离子浓度时，溶液就显酸性。比如，我们平时用做佐料的醋，就是氢离子浓度大于氢氧根离子浓度的溶液。反过来，就呈现碱性，比如肥皂水、石灰水，就是氢离子浓度小于氢氧根离子浓度的溶液。刘婶，您能听明白吗？”

刘婶想了想，回答说：“有点儿明白，反正，醋是酸的，肥皂和石灰是碱的。”

大明不禁鼓起掌来：“好，克美讲得好，例子举得好。”

雷剑补充说：“刘婶也听得好！”

晶晶看了看嘿嘿笑的刘二，说：“刘二哥也听得认真。”

克美受到了鼓励，讲得更带劲儿了：“所以呢，化学上规定，溶液的这种酸碱性，就使用 pH 这种符号来表示。溶液不呈酸性，也不呈碱性，比如干净的雨水，一般就是中性，中性溶液的 pH 值等于 7 左右；溶液呈酸性，pH 值就小于 7，呈碱性呢，pH 值就大于 7。这就是呀，pH 值越大，碱性越大，酸性越小；pH 值越小呢，碱性越小，酸性就越大。”

刘二拿过晶晶刚才测过的试纸条，盯着它看了半晌，才试着说：“纸条越红就越酸，反过来……反过来……”

晶晶马上高兴地说：“对呀，刘二哥，你也听明白了！告诉你，反过来就是，试纸的颜色越蓝，那水的碱性就越重。你看着肥皂水，用试纸一试，不是变成蓝色了吗？”

刘二高兴地拍着脑袋说：“啊，我第一次能听懂你们的话了，太好了，实在是太好了。”

晶晶趁热打铁，指着标准色块对比的试纸说：“刘二哥，你看，这藕塘里的水，pH 值小于 4 呢，难怪这莲蓬长不好的。水的酸性太大啦。”

雷剑说：“我听农科院的伯伯说过，pH 值小于 4 和大于 8.5 时，一般作物是难得生长的。”

“那，这水塘里的水，用哪样的办法才能不酸呢？”刘二把最关心的问题说出来了。

晶晶想了想，用商量的口吻和同学们说：“可不可以加碱性物质中和一下呢？”

“中和？”大明脱口而出，“加生石灰进去！生石灰的碱性很强。”

“对，可以试试！”雷剑也赞成。

克美说：“应该是可以的。”

这时，刘婶突然站起身，大叫：“哎呀！你们这一说，倒让我想起来啦。刘二，他们说得对，把这一塘的莲藕挖出来，加生石灰清塘！对的，我们那边养鱼的专业户，都是这么干的。养出的鱼又大又肥，保你发家致富。”

16 “土警察”立功

农历七月十五，通常在公历 8 月初。这一天在这个小镇老人心目中是一个神圣的日子，人们习惯地把这一天叫做“七月半”，民俗约定是一个祭奠家族和亲友亡灵的日子。姑姑山顶有一座保留到现在的姑姑庙，自然，这一天的前后日子，前往烧香拜佛的人们就不少了。

现在是上午 9 点钟左右，不断有香客上山或下山，蜿蜒的山道上人流不息，一派过节的样子。此刻，刘二到姑姑庙给父亲上了香，走在下山的山道上。

突然，他看见山道旁一座小亭子里，一个陌生男子纠缠着一位面容善良的太婆。

这个男子打着领带，年龄约摸 30 岁，白白净净，戴一副眼镜，看上去斯斯文文的。

这位太婆穿着干净朴素，头发有些花白，左脸上有一块黄褐色痣斑。刘二以前干过警察，对这位太婆的长相多少有点儿眼熟，尽管叫不出姓名，但是可以认定她是本地人，大约住在姑姑镇上。

凭着职业习惯，刘二怀疑这个“白脸眼镜”要打太婆的什么主意。于是，他假装背着山风的方向点烟，停下了脚步，站在距离他们不到10米的一棵树下，留意地听他们说话。

“太婆，”“白脸眼镜”说，“如果不是看见您老面相和善，我不会舍得卖给你的，这可是我们家的祖传宝贝啊。”

太婆说：“你的价钱要得太高了，我，买不起。”

“这还高呀？这么大一个金元宝，只卖给您6万块钱……”

太婆打断了他的话：“哪要那么多钱呢？现在的金价，100块钱多一点1克，你这个元宝多重？”

“500克，不多不少，不信，我这里有弹簧秤。”“白脸眼镜”一边从衣兜里掏弹簧秤，一边说，“您算算，500克，6万块，完全按市价卖给您。我只把它当做金子卖，还不算祖传的宝贝收藏价格。”

“你怎么知道我有钱买你的宝贝？”

“您对菩萨说的呀。”

“啊，原来你……”太婆紧张起来，“刚才你在佛堂偷听我对菩萨许愿了！你这人怎么……我不给你说了。”太婆转身要离开。

“白脸眼镜”拦住了太婆，说：“好太婆，您就行行善，积点儿德吧。假如不是我妹妹得了重病，等着钱动手术，我怎么舍得变卖家传哪。”

“白脸眼镜”说着，四处张望了一下，悄悄从随身带的一只黑皮包里掏出一个黄灿灿的东西，在太婆眼前晃了晃，又把那东西放回包里了。

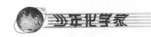

大概是“白脸眼镜”搭救妹妹的真情感动了老人，太婆站在原处犹豫起来。

刘二看到这里，心里一咯噔，猜想着：“哼！这家伙，绝对是个江湖骗子！哪有这样的好事儿呢？一个金元宝，还是祖传宝贝，500 克只卖这点儿钱？”

那边，“白脸眼镜”降低了要价：“老人家，卖你 5.8 万，怎么样？”

太婆想了想：“最多 5 万块钱。”

“哎呀，老人家，您手下留情嘛，砍价也太辣了。5 万 5，怎么样？”“白脸眼镜”掏出金元宝，眼睛盯着太婆的脸不放松。

“5 万 5，我要啦！”

刘二大声叫嚷着，“噌噌噌”几个大步跑到“白脸眼镜”面前，一把夺下了金元宝。这一切来得太突然，“白脸眼镜”没有丝毫防备，宝贝就落到刘二的塑料袋里了。

“你怎么抢我的宝贝！你是……”“白脸眼镜”声音不大，却露出一副很凶的嘴脸来。

刘二大大咧咧地说：“喊呀，你大声喊呀，还可以打电话报警。不过，你瞧瞧，这是什么？”

“白脸眼镜”见到刘二掏出来的警官证。原来，这位曾经的“土警察”被解聘以后，交上去了警官证的内芯，

留下了封皮作为“纪念”，这时候狐假虎威，派上了用场。

谁知道“白脸眼镜”只是短暂地愣了一下，并不把刘二看在眼里：“我不怕你们这些地头……地方警察！”他本来想说“地头蛇”的，没敢说出口。

“走吧，跟我下山一趟！”刘二语气重重地命令道。

“去哪？”

“派出所，走！”

“你凭什么抓人？”

“凭什么？”刘二眼睛一瞪，“我怀疑你诈骗！走！太婆，您老人家麻烦一下，跟我去所里做个证人。”

不知什么时候，小亭子周围围上了七八个看热闹的人，他们默默无语，看着刘二处理问题。

突然，一位镇上的人认出了刘二，想和他打招呼：“刘……”

“噢，徐师傅啊，我在执行公务。”刘二赶忙抢先说道，还对那人做了个眼神，“诈骗嫌疑，他！”

那人意识到了刘二在做什么，赶忙帮着打掩护，对“白脸眼镜”警告说：“喂，年轻人，老老实实跟着刘警官去所里吧，老实点儿啊，刘警官的拳脚厉害着呢！”

就这样，刘二顺当地把“白脸眼镜”带到了最近处的豆豆小屋。

晶晶和她几个要好的同学正好都在后院里，更让刘

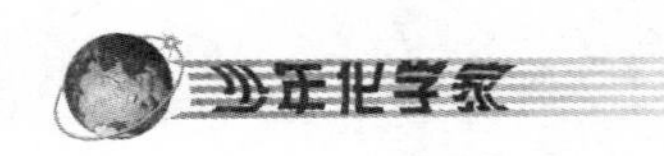

二高兴的是，晶晶的爸爸瞿老师正在柜台上闲着。

“徐师傅，看着他!”刘二对跟来的镇上的那个中年人说。

“放心吧。”被称做徐师傅的人把“白脸眼镜”推到里屋，径直去了后院。

“太婆，您就坐一下。”刘二客气地安排完那位差点儿成了金元宝买主的太婆，把情况对瞿老师说了一遍。

瞿老师觉得有些为难，悄声对刘二说：“你现在又不是警察了，没有权力抓人的。”

“可是，我已经做了，咋办?”

“打电话通知派出所呀。”

“对。”

电话一打，派出所的张帆警官就骑上摩托车赶来了。

接下来，张帆就地在后院对“白脸眼镜”进行初审，没有发现什么破绽。他把刘二拉到前屋，悄悄埋怨道：“这叫我怎么办?这个人硬说，金元宝是他家的祖传，我们派出所又没有检测黄金的专门仪器，你凭什么抓人呀?公民的私人财产不容侵犯啊。”

“金元宝一定是假的。”

“你怎么判断的?”

“我就觉得这个小白脸不正经，鬼鬼祟祟的。”

“哎呀，要凭证据说话嘛。”张帆有点着急了，“你也干过警察的呀。”

刘二反驳说：“证据证据，把人和物带到豆豆小屋来，就是为了取证据的嘛。”

“怎么取证据？谁来取证据？”

“请他，瞿老师，还有后院的几个中学生呀。”刘二提醒张帆，“喂，小张啊，你可别走前些天我的老路哇，不能放着案子不管哪。”

张帆没辙了，只好征求瞿老师的意见。

瞿老师叹了一口气：“实话实说吧，二位，我在租用豆豆小屋做生意，只想图一个平安无事，一家大小好好过日子。可是，这个伏天，尽是事儿，躲也躲不脱，今儿个，我这里反倒成了‘拘留所’了……”

他的话没说完，被女儿打断了：“爸，不能这样嘛。既然有这事儿，我们就应该帮助嘛。”

爸爸苦笑了一下：“晶晶，你说，我们该怎么帮助？帮助谁呢？帮助那个戴眼镜的，还是帮助警察？”

大明和克美也走到前面来了。

大明说：“其实，瞿伯伯，您不用为难。我们可以想办法检测金元宝的真假。如果真的是金元宝，那就请刘二哥向人家道歉；如果是假的，喏，派出所的张警官在这儿。”

“好吧好吧。”瞿老师勉强同意了，“关门吧，生意不做了。”

在后院，瞿老师带着孩子们对金元宝进行检测。“白

脸眼镜”毫不在乎地坐在一旁，冷眼旁观着，还不时报以冷笑。

他们先用硫酸、盐酸甚至硝酸进行了检测，发现金元宝丝毫没有反应。

瞿老师又对金元宝进行了比重检测，也没有发现有什么破绽。

最后，他们又用酒精灯对着金元宝烧，金元宝仍然“面不改色”。

现在，人们没辙了。

人们都清楚，金的密度极大，为 19.3 克/厘米^3。金不与空气中的氧作用，所以，“真金不怕火炼”——燃烧就是强烈的氧化反应。真金也不能与酸发生作用，因而，刚才几种酸的考验，金元宝也顺利通过了。

看来，金元宝可能是真的呢!

瞿老师摇摇头，默默走出了后院。

这一下，“白脸眼镜”神气起来了，大叫：“各位，怎么样，是真宝贝吧？现在怎么说呢？你们的便衣警察随便抓人，派出所又来一个制服警官，还有这些乳臭未干的毛孩子，也一齐上来起哄。你们诬蔑我，绑架我，限制我的人身自由，毁损我的名誉，我……我……我跟你们没完！把金元宝还给我……”

刘二不耐烦了，大声叫道：“你嚷啥呀！给我住嘴！有你好看的!”

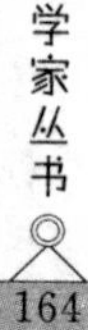

那位徐师傅也大声斥责道：“还早着呢！有你好看的。娃儿们，还需要啥，尽管说。我就不信拿不到他的把柄。”

晶晶把其他同学叫到一边，小声问：“怎么办？你们说说。”

大明安慰道：“晶晶，别急，我看得出，这个家伙心里慌着呢。一定有鬼。”

克美说：“如果有光谱监测仪器就好了。”

雷剑说：“是啊！可是，我们这个穷乡僻壤的地方，连派出所都没有这玩意儿。”

“我们现在制作一个简易的光谱仪怎么样？像本生和基尔霍夫那样？我们这里，三棱镜也有，透镜也有。”

提起德国化学家本生和物理学家基尔霍夫，就让人想起了他俩携手发明光谱仪的故事了。

他俩最初的光谱仪就是这样一些部件：一块石英三棱镜，一个被基尔霍夫锯成两截的直筒望远镜，一只雪茄烟盒，一片打了一道狭缝的圆铁片。

基尔霍夫在雪茄烟盒内糊上了一层黑纸，把三棱镜安装在烟盒中间。在对着三棱镜的两个面的位置上，把烟盒开了两个洞：一个洞装上望远镜的目镜的那半截，这是窥管；另一个洞装上望远镜的另外半截，物镜在盒内对着三棱镜，朝外的筒口上盖着那开有细缝的圆铁片，这叫做平行光管。各部分都固定了，烟盒盖上了，世界

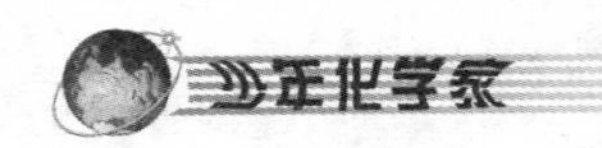

上第一台“分光镜”就装配好了。

本生也没闲着，他在准备试料。试料有各种纯的金属，各种纯的化合物的溶液。几把白金丝做的小圈，也用硝酸洗得干干净净。

基尔霍夫先让太阳光射在平行光管的细缝上。在窥管中，他看到清晰的太阳光谱，还有那一条条黑色的线。仪器检查完毕，没有毛病。黑窗帘拉上了，本生点着煤气灯，基尔霍夫把平行光管对准了煤气灯的火焰，几个单独的盐类实验后，本生把几种盐类混合在一起，用白金丝把混合的盐送到火焰中去，火焰立刻变成亮黄色。基尔霍夫趴在分光镜前仔细观察。

最后，基尔霍夫说话了：“你掺在一起的有钠盐、钾盐、锂盐和锶盐。”

光谱显示得十分清楚：两条靠在一起的亮黄线是钠的，一条紫线是钾的，红线是锂的，属于锶的那条蓝线也很清楚。

这就是本生和基尔霍夫创立的一种新的化学分析方法——光谱分析法。

还没等同伴们回过神来，晶晶已经把配制好的王水滴了一滴在金元宝的底部。

“白脸眼镜”的脸色大变，变得更加苍白了，张开嘴想叫，可又不知道要叫喊什么。他陡然站起身，粉白色的薄嘴唇动了两下，终究还是没有做声。

“老实点儿！坐下！”

张帆和徐师傅两人把他按在座位上。

孩子们几乎异口同声地叫起来：“啊！假的！”

大家看到，被王水溶解掉的蚕豆大一块黄色下面，显露出来银白色的东西！这银白色的是什么呢？肯定不是一般的金属，它耐腐蚀的本领还超过了黄金！连王水都不能让它发生反应！

是白金吗？白金也叫铂金。不会是铂金，制假者不会把比黄金还要贵重的金属用来作假，一定不是！

“哼！你还嘴硬？”雷剑冲到“白脸眼镜”面前，得意地挺着肚皮说，“既然是假家伙，喂，咱就不客气啦！”

孩子们一不做，二不休，拿来钢钉锉刀一阵猛搞，剥下了“金元宝”底部的一层薄薄的金皮儿①，又用锉刀锉掉了那层银白色金属，露出了黄色的金属来。

克美说：“哈哈！绝对是黄铜。”

果然不错，她滴上了一滴硫酸，那地方立刻变成了一块蓝绿色的硫酸铜。

就在孩子们打算彻底揭穿整个“金元宝”的时候，晶晶的爸爸过来制止了。

他问“白脸眼镜”：“你还是老实说吧，黄铜坯子的

---

① 金皮儿：金是一种柔软的、黄色的金属，延展性最强，可以加工成各种复杂细微的工艺品。

内心里，你灌进了什么东西?”

“水银。”那家伙的脑袋耷拉下了。

水银蒸气有剧毒，挥发后被人体吸进后，有极大的危险。因此，教室里的日光灯管打破以后，应该立即打开门窗通风，迅速离开，避免接触灯管壁上附着的水银。这些，同学们是知道的。

现在，一切都明白了：制假者用黄铜铸造了空心的“金元宝”外壳，往里面灌进水银，以此达到黄金的比重要求，不至于重量不够而露马脚。黄铜外面镀上的是一层极其耐腐蚀的稀有金属铑，最后，才在外层镀一层真金。

“白脸眼镜”被张帆带走了。

事后，逮住巨骗的刘二和揭穿骗局的瞿晶晶父女，以及几个孩子都立了功，分别获得了奖金。

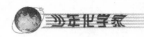

17 美化坏蛋

下午，晶晶正在后院整理化学实验室，克美和雷剑带着刘二兴冲冲地进来了。

他们提来半篮子臭鸡蛋，还让晶晶欣赏 4 只特别美的“坏蛋”。

的确是 4 只坏鸡蛋，刘二的妻子坐月子，家里没有冰箱，亲朋好友送来的鸡蛋臭了。妻子打算把坏蛋扔掉，一时间，刘二来了灵感，说：“别扔，留着有用。”

刘二拿出一只坏蛋放进浓石灰水里浸泡了一阵，让石灰水强烈的碱性去掉了蛋壳上的薄膜和杂质，再染上红墨水，用毛笔写下了一首自编的打油诗：

山无草木不中看，水无鱼虾太平淡；人无本事遭白眼，活在世上成笨蛋。——姑姑湖刘二自写

写完以后，他还涂上了一层透明的清漆，风干以后拿去给雷剑看。刚好，克美也在雷剑家，俩孩子惊讶得不得了。

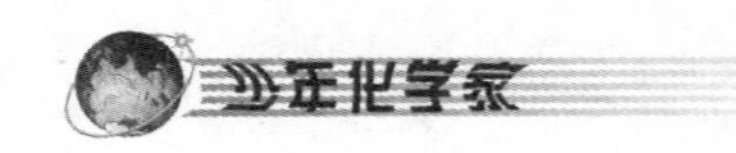

“啊呀！刘二哥的小楷毛笔字写得真漂亮！”雷剑赞不绝口，“没想到你还有这么好的书法呀！”

克美的画画得棒极了，前两年还兼任班上的美术课代表。她看到刘二的“坏蛋作品”红彤彤，亮闪闪，打油诗的字体端正，读起来琅琅上口，也羡慕得不得了，说：“刘二哥，你还真行！写这么好的毛笔字，怎能说自己‘没本事’‘遭白眼’呢？更不能说是‘笨蛋’呀！”

雷剑又说：“能把坏鸡蛋美化得这么漂亮的人，还笨吗？你呀，刘二哥，别妄自菲薄啦。”

“啥？‘王’……‘飞播’是啥呀？我不懂。”

克美笑道：“猴子劝你别糟践自己啦。”

“噢，这我懂了。”刘二试探着问，“我请教你俩，能不能做点儿坏蛋工艺品啥的，赚钱呀？”

克美一听，连忙说：“好主意！刘二哥，你能画画吗？我能。”

“能啊，就是画得不好，只能画一些年画娃娃什么的。”

“那就对啦！”雷剑说，“咱一人画一只坏鸡蛋，怎样？”

就这样，他们又把3只坏鸡蛋画成了彩蛋。

刘二画的是一条龙和一只凤，写上了“龙凤呈祥”4个字。

雷剑画的是孙猴子的脸谱，在后脑勺上写了“美猴王”3个字。

克美画的是一幅山水画——姑姑山和姑姑湖，在湖面角落处，题写了“姑姑山水甲天下”7个字。

画完后，他们也给彩蛋涂上了一层清漆，一个个亮闪闪、圆溜溜，还真有点儿工艺品的味道呢。

大伏天气温高，热风大，加上刘二在清漆里添加了松节油，涂上的清漆很快就干了。

3个人把画好的彩蛋拿到豆豆小屋，得意洋洋地让晶晶欣赏，并且征求她的看法，能不能这样制作“坏蛋工艺品”卖钱。

他们三人没料到，晶晶当场就出了3道难题：

第一，脆弱的蛋壳不能碰撞，怎么办？

第二，时间长了，蛋青蛋黄彻底腐败流臭水，怎么办？

第三，大半天时间才能精心做好一只，能挣多少钱？

雷剑不愧是机敏的“猴子”，立刻想到了解决第一个难题的办法。

“小心地在鸡蛋下面钻一个圆口，把里面的蛋清和蛋黄倒出来，然后往里面浇铸石膏。石膏硬了，就能从里面保护工艺品。还可以做一只小正方形玻璃盒，在玻璃上写上文字，画上标志性图案；在玻璃盒底面铺上泡沫塑料，再铺上一层缎面装饰布，把鸡蛋工艺品的底座用粘胶粘在里面。这样的话，既牢靠，又遮住了下面的破口，不是一举两得吗？”

晶晶马上说：“这办法好，第1和第2两个难题都解决了。石膏不贵，其他东西好配置。那么，我们现在要想办法解决第3个难题了，怎样才能投入批量制作呢？”

这时，克美提出了一个新问题：“能不能画出稍稍立体的画面呢？不是更精致更美观吗？”

孩子就是孩子，他们的性格啊，同猴子下山掰包谷的性子一样，掰了这个扔掉了那个。他们一下子把“批量制作”问题放到一边了，兴致勃勃地谈论起“立体画”来。

这时，经常作画的克美想到了一次参加美展而创作水粉画《姑姑山之夜》。她说：“那幅水粉画我设计的是姑姑山的夜景，主要突出了姑姑山庄夜晚的灯光。你们知道，要在深色背景下画出明亮的路灯、彩灯、霓虹灯，还有客舍里映射出来的各种灯光，是很难的。难就难在画出来的灯光很脏，不明亮。后来，美术老师教我们一个诀窍，就容易多了。”

“什么诀窍？难吗？”晶晶问。

“简单得很，让白蜡来帮忙。”

克美简单介绍了画灯的经过：

先在白纸上用铅笔勾勒出轮廓，轻轻地在要画各式灯的地方，用画笔蘸上熔融的白蜡，把那些“灯”盖上。再就是轻轻在天空位置用液体白蜡点上星星和一钩残月。

然后呢，就大胆地用深色平铺出姑姑山黑黝黝的山影和深蓝色的夜空。

这时候看到的画面是一片漆黑，勉强分得清天空和山峦。

等待水粉颜色干透后，用小刀刮去白蜡，露出一点点儿空白，于是，在这些空白处用最浅的颜色点染上灯光和星星。在深色衬托下，满天繁星和满山彩灯交相辉映，一幅《姑姑山之夜》水粉画就完成了。

晶晶说："太棒了！这是充分利用白蜡的化学成分特点和理化性质作画。我们完全可以借用这样的方法，在鸡蛋壳上制作出立体感的画面来。"

他们从篮子里取一只红壳鸡蛋，因为红壳鸡蛋的蛋壳稍硬些。

第 1 步，用水洗干净，用布轻轻擦干。

第 2 步，取 20 克白蜡放在烧杯中，加热使它熔化，呈流动的液态。

第 3 步，用毛笔蘸取蜡液，在蛋壳上画画，写上字。

第 4 步，等白蜡冷凝后，把鸡蛋慢慢浸入 10％的稀盐酸中，用筷子拨动鸡蛋，使它均匀地跟稀盐酸接触。当蛋壳表面产生较多的气泡，蛋壳上有明显的腐蚀现象时，就取出鸡蛋。

这时他们看到，没有涂蜡的蛋壳表面已经被稀盐酸腐蚀掉了薄薄的一层，涂蜡的地方凸起于周围的蛋壳，

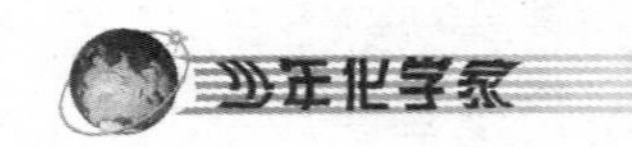

就好像景泰蓝瓷器上凸出的图案一样，很有立体感了。

第 5 步，用清水漂洗，晾干。在鸡蛋的下端挖一个圆孔，倒出蛋清和蛋黄。

第 6 步，灌进石膏，把蛋壳填实。

第 7 步，把鸡蛋放进黑色染料中染黑。由于有蜡的地方不溶于水，因此，画面或字迹被蜡保护着，没被黑色染料染黑。

第 8 步：用小刀轻轻刮去涂在壳上的白蜡，最后将蛋壳放在热水中浸一下，就能看到明显白色的图案花纹或字迹了。

现在，在这些图案或字迹上添什么颜色都行。懂得美术基础知识的人都知道，金、银、黑、白、灰色被称为“万能调和色”。黑色的蛋壳底色上出现什么颜色的图案或字迹，都是漂亮爽目的。

一只黑溜溜的工艺鸡蛋做出来，孩子们又开始讨论“大批量制作”问题了。讨论来，讨论去，在机械设备上卡壳了。

“唉！如果有一个模具就好了。”雷剑有些见识，他参观过模具厂，知道进行大规模生产离不开模具。

雷剑的话提醒了刘二，他猛地拍了一下大腿，大声说：“我有一个朋友在模具厂，我去找他帮忙准行！”

晶晶说：“赶快给你的朋友打电话吧。”

电话打通了，对方满口答应，让刘二拿样品去，包

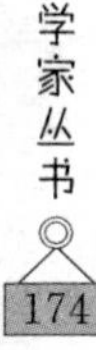

括给鸡蛋壳上加白蜡字画的模子和玻璃方盒，他们可以设计。不过，设计费可不少，5000 元！

“我的妈呀！杀人放血呀？不行不行，不用他们设计，我们自个来。”克美大大咧咧夸下了海口，“我们这儿有 4 个人呢，4 个臭皮匠，还顶不了一个诸葛亮吗？你说呢，晶晶？”

晶晶想了想，说：“试试吧。猴子，你那里好像有一个薄薄的铝片球，是吧？”

“有，是我爸爸修理的士时从修理摊上带回的。”雷剑心里一亮，大叫一声，“啊！还是椭圆形的，一头尖，一头圆，真像一个铝片鸡蛋。用它来做模子？”

“我想应该可以，想办法，用化学制剂在‘铝蛋’表面写字画画，哪些地方腐蚀穿了，不就可以通过那些地方往鸡蛋壳上面喷白蜡了吗？”

见刘二和雷剑还不太明白，克美急了，解释道：“就像我们做贺卡一样，硬纸板上挖空的地方，就可以用牙刷朝底层纸片上喷颜色。”

“噢，我知道啦！”

“我明白了。”

雷剑骑车回家拿来了那个“铝蛋”，它稍稍比鸡蛋大一点儿。可是，怎样让它套住鸡蛋呢？这个难题被刘二解决了。他说：“那天你们到我妈老娘家，看见了藕塘里的莲花了吗？”

“看见了。”克美回答说，“可美呢。”

刘二又说：“莲花苞子开花前，就像个大鸡蛋不是？开花后才把花瓣圈展开嘛……”

雷剑打断了刘二的话：“对对对！把这个‘铝蛋’破开，成一片片‘花瓣’似的小片片……不，先在上面画好了画，再破开……”

克美又打断了雷剑的话：“鸡蛋有大有小，模子做成莲花瓣式样，就能调节大小啦！”

晶晶说：“我有办法在‘铝蛋’上画‘穿孔字画’，保证没问题！”

晶晶的办法是这样的——

第 1 步，配制腐蚀液。向 150 毫升水中加入 30 克硫酸铜晶体和 50 克氯化铁，搅拌制成溶液。这种溶液能腐蚀铝，反应式如下：

$$2Al+3CuSO_4 = Al_2(SO_4)_3+3Cu$$

$$Al+FeCl_3 = AlCl_3+Fe$$

第 2 步，她让雷剑将要刻字画的地方用细砂纸细心擦净；让刘二和克美用细玻璃纤维做成毛笔，蘸稀盐酸在“铝蛋”表面写字画画。稍待片刻，用干净的布拭去盐酸，擦净表面。

第 3 步，她让刘二和克美合作，用毛笔蘸取腐蚀液涂在字画上，稍待片刻，用水洗去，再涂一次，多次，直到“铝蛋”上的字画痕迹穿孔，最后用清水洗去腐蚀液。这样，“铝蛋”上就有了纵横交错粗细不一的穿孔了。

他们试了试，熔融的白蜡能很轻松地从这些孔进入鸡蛋壳表面。

给小玻璃方盒刻字画，也是采用化学腐蚀方法进行的。这个操作，克美很在行——

用去污粉将玻璃片洗净，擦干，然后用毛笔在表面涂上一层均匀的石蜡层。

克美问：“玻璃盒上刻写什么字呢？”

调皮的雷剑脱口就说：“刻写‘美丽的坏蛋送给你’，行不行？”

“‘美丽的……坏蛋’？哈哈哈哈……”刘二马上笑了，“好玩！太好玩啦！”

“啪啪啪啪”，大家鼓掌通过。

“还是刘二哥来写吧，我的字不行。”克美把玻璃纤维毛笔递给刘二。

晶晶说：“不可以，刘二哥的字太工整漂亮，不适合这个内容。”

雷剑自告奋勇：“我来吧，写‘调皮体’。”

雷剑用小刀在石蜡层上刻下的字，就像他这个人一样，歪歪斜斜，特别是“坏蛋”两个字又大又圆，活泼得让人看了就好笑。

有字的地方玻璃露出后，晶晶又让雷剑用毛笔蘸取氢氟酸涂在字迹上。经 5 分钟后，用吸水纸吸干剩余的酸液，然后再涂氢氟酸。如此重复操作四五次，最后用小刀除去石蜡层，凹形的字迹就出现了。

这天，豆豆小屋的几个人一直忙到深夜。

晶晶一家三口刚把同伴们送走，瑛子来了。

这段时间，瑛子一直住在豆豆小屋，每天和晶晶一块儿睡，向这个小妹妹讨教了不少食品化学知识。今天，她下中班，本可以在山庄的集体宿舍睡。

回到后院的房间，晶晶问："瑛姐，这么晚了还回来，大概有什么重要的事情吧?"

瑛子心事重重，叹了一口气，说："晶晶妹妹，有好多'水'的问题，要向你讨教啊。"

"水?"

"是啊，水。"

姐妹俩上了床。

借着姑姑山吹进窗里的凉风，两人你来我往谈论起"水"来了。

18 水之祸福

“晶晶妹妹，你说，水是什么？”瑛子没头没尾地问了一句，把枕头垫高了一层。

晶晶笑了笑，坐起来说：“这个问题，一般人是提不出来的，一定是一个内行的人问你的。”

是啊，水，就是水，这还用打破沙锅问到底吗？可是，细细一琢磨，这个问题还不好回答呢。

几百年前，人们回答这个问题，恐怕就是一句话：“水，就是水。”这不等于没有回答吗？

现在，怎样才能对瑛子姐讲清这个问题呢？晶晶有点儿犯难了。如果是一个有点儿文化基础的人，她可以这样说：“水，就是氢元素和氧元素结合而成的，大自然普遍存在的物质。”可是，怎样将“氢”、“氧”、“元素”、“结合”这样的词汇，给她讲清楚呢？

只有一个办法，做一个化学演示给她看看，就这样！

晶晶打定主意，一骨碌下了床，拾掇起化学设备来。

瑛子姐奇怪了：“你做什么？”

“让你看看水是什么呀。”

“哎呀，这么晚了，就……唉，不行，不能等到明

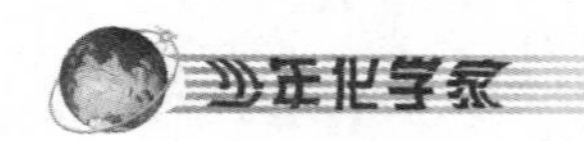

天，只有辛苦你了。今晚上我一定要知道水是什么。”

晶晶笑了，说：“没关系，现在是暑假，明天又不上学，晚就晚一点儿吧。我向来有疑问不过夜的习惯。”

晶晶向一只和烟灰缸一样大小的玻璃水槽里注入半槽清水，先往清水里加进几滴硫酸，接着，把干电池两个电极的铜丝插进水中。这时，一个有趣的现象出现了：两个电极都有气体冒出来。

晶晶把从阴极冒出来的气体，用下方排水集气法收集在小试管中，用火一点，就有淡蓝色的火焰烧起来。

瑛子惊奇地问：“这是什么气？从水里变出来的吗？”

晶晶说着，把试管里的气体冲进一只小气球里，气球就飘起来了。

“噢，这是氢气。”瑛子说。

晶晶点点头，又用试管采集了从阳极产生的气体。这种气体虽然不能燃烧，可是，将一根将熄未熄的火柴扔进去，火柴立刻冒出强光，炽烈地燃烧起来。

晶晶问：“瑛子姐，这，你应该知道的，能够帮助燃烧的气体，是……”

“是氧气。”

“电流通过水中，两个电极不断冒出气体，水却慢慢减少。”晶晶介绍说，“它们会一直到只剩下几滴硫酸为止的。这个小实验，就是电解。硫酸充当了拆散水分子中的氢和氧的角色。”

瑛子想了想，说："这就是说，水的……分子……被拆开，就得到了氢气和氧气，是这样的吗？"

"就是这样的。"晶晶高兴地夸奖说，"瑛子姐，你真聪明！告诉你，水的性情和你一样，很温和安静的，氢和氧结合成水以后，就很不容易分开了。在密封高压的容器里把水加热到2000℃，1000个水分子中大概只有18个水分子分解成氢和氧。"

"啊，谢谢你。"瑛子不好意思地笑了，感叹地说，"其实，我读的书只比你少1年，初二读完，就辍学了。唉，初三才有化学啊。晶晶，你真幸福。"

晶晶小心翼翼地看着瑛子的脸色，生怕一句话说得不好，又惹她犯病。自从瑛子姐上次喝卤水自杀的事情发生，她一直很注意同她说话。

瑛子说："山庄餐饮部最近来了一个姓宋的女部长，听说，她是学习化工专业的，后来，又到商业学院进修过，对我们员工的要求可严格呢。这几天，她突然宣布，要对员工进行饮食科学的实际考核，第一个项目就是'水知识'。"

"'水知识'是什么？你过关了吗？"晶晶问。

"你耐心听我说嘛，全山庄的员工可紧张了。"

下面就是瑛子叙说的几个例子。

有一个小伙子从乡村来姑姑山庄应聘厨师，正好赶上宋部长的考核。

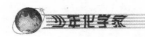

这位小伙子讨好地对宋部长说："我们家乡的井水特别好，我带来了一些，用来炒特色菜，一定能吸引不少回头客。"

一位老厨师问："有我们姑姑山的矿泉水好吗?"

小伙子说："你们这里的矿泉水，哪里赶得上我们家乡的井水呀?"

宋部长决定看看小伙子的手艺："你能炒一个特色菜，我们尝尝吗?"

老厨师提醒他："小伙子，我们厨房使用的水，都要经过软化处理，你这水……"

"我这水是特质井水，一处理，把特色处理掉了，还有啥用呢?"

小伙子没有听完老厨师的话，就动手用那井水炒豌豆了。结果，他的"清炒豌豆"做成了"橡皮豌豆"。怎么回事？看，豌豆的外皮硬邦邦的，咬不开，也嚼不烂，不是"橡皮豌豆"又是什么?

"咯咯咯……"晶晶听到这里笑了，"这个大傻瓜，不懂得水的科学。"

"咳，他应该用姑姑山的矿泉水来做菜的。"

"那也错啦!"晶晶说，"他哪里知道啊，井水，还有姑姑山的矿泉水是硬水，豌豆里的有机物质能和硬水中的钙、镁离子化合成难以溶于水的有机盐。瑛子姐，你一定要记住，做菜一定不能使用硬水，用硬水烹制菜肴，会惹许多麻烦的。”

“啊，难怪山庄的老厨师要把矿泉水处理一下，再做饭菜的。”

晶晶往房间外面指了指，说：“我们家就有硬水处理器，不然，怎么能做出优质豆浆呢？”

瑛子姐继续往下说。

接下来，宋部长让老厨师出一个简单一点儿的题目考考小伙子。老厨师让他做炖肉和熬骨头汤。

小伙子用冷水炖肉，用热水熬骨头汤。

老厨师急了，说：“你这小伙子，怎么反着来呢？”

“我们家乡都是这么做的。”小伙子强词夺理，“这又有啥错呢？”

瑛子问晶晶：“这个小伙子又错了吗？”

晶晶点点头说：“如果马马虎虎不计较，这也算不了什么大错。可是，你们是远近闻名的大山庄啊，老厨师当然要严格要求了。”

晶晶解释说，肉味鲜美，人们爱吃。要知道，鲜美的滋味来自肉里的谷氨酸①、肌苷②等呈鲜物质。若用热

---

① 谷氨酸：一种酸性氨基酸。在蛋白质代谢过程中占重要地位。动物脑中含量较多，医学上主要用以治疗肝性昏迷。它的单钠盐就是味精。

② 苷：也称“糖苷”。糖是通过它的还原性基团同某些有机化合物缩合的产物。

水炖肉，肉块表面的蛋白质很快凝固，肉里面的呈鲜物质不易渗入汤中，就使炖好的肉味道特别鲜美，所以，应该使用热水炖肉。而熬骨头汤就是为了喝汤，用冷水，小火慢熬，可以延长蛋白质的凝固时间，使骨肉中的呈鲜物质充分渗到汤中，汤才好喝。

瑛子听完晶晶的介绍，感叹地说："啊，晶晶，你讲得好清楚哟，以后，我知道该怎么做了。"

晶晶问："那个小伙子后来怎样了？"

"老厨师心肠好，又给了他一次机会，让他淘米煮饭。"

"这可马虎不得。还是看他怎样用水吧。"

"是呀，他又错了。"瑛子惋惜地说，"小伙子直接使用生自来水煮饭。咳，宋部长只好让他走了。"

晶晶问："你知道他又错在哪里了吗？"

瑛子说："我懂，你教过我的。自来水是加氯消毒过的，水中的氯会大量破坏谷米中的维生素 B_1 等营养成分。"

"那，应该怎样煮饭呢？"

"应该把水烧开，让氯随着水蒸气蒸发掉，再下米煮饭。我说得对吗？"

"对对对。"晶晶说，"我们家都是这样煮饭的，你在家也是这样煮饭吧？"

瑛子点点头："女孩子家假使连煮饭都不会，以后怎

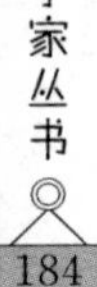

样嫁人哪?”

晶晶听得脸发烧，埋怨说：“瞧你，瑛子姐，瞧你，干吗说这些丑话。羞死人了！我不跟你说了!”

第二天清晨，瑛子上早班，早早地到了山庄。

昨夜和晶晶拉了半宿的“水”，长了不少见识，心里快活着呢，哪有一点儿困意？直到到了一楼大厅擦玻璃，还在情不自禁地独个儿念叨着水。

这时，门口来了一个送水工，从自行车后座上卸下一桶水。

“小姐，劳驾，宋部长的办公室在哪儿?”

瑛子说：“在B楼6018室。”

“劳驾，怎么走?”

“我带你去吧，还要乘坐电梯呢。”

B楼6018室到了，门虚掩着。瑛子礼貌地轻轻敲门，得到允许后，就把“蓝马甲”引进了房间。

宋部长是个蓄着古典式盘发的年轻女子，身材修长，此刻正在电脑上工作着。

“宋部长，这位师傅给您送桶装水来了。”瑛子看见热水器上，原来的一桶水还是满满的。

宋部长头也没抬，说了句：“放下吧。”继续埋头在电脑键盘上敲打着。

送水工下楼了。瑛子没有走，她似乎有话要说。

一会儿，宋部长发现瑛子还没走，问：“你……你有

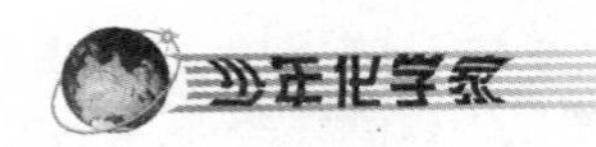

事儿吗？”

“嗯。”

“什么事？说吧。”

“宋部长，我有个建议，想当着您的面说。”

“好啊，说吧。”宋部长把转椅侧过来，面对着瑛子，和气地说，“你请坐。”

瑛子没有坐下，继续说：“宋部长，您应该带一个头。”

宋部长微微怔了一下，问：“带什么头？”

“你应该带头不喝桶装水。喝桶装水不科学，这些水都衰老了，对您，对山庄各位领导的身体健康没有好处。”

宋部长惊奇地看着瑛子的脸，问：“你叫什么名字？”

“我叫余瑛。”

“啊，余瑛。我听说过。”宋部长沉下脸，想了想，“你这个建议还对别人说过吗？比如说，对刘总经理？”

“没有。”

宋部长站起身来，在房间里踱着步，突然猛一回身，背着手说：“晚上的员工大会上，你当着餐饮部全体员工的面，给我好好解释清楚，为什么不许我们喝桶装水。告诉你，你必须讲清楚！不然，别怪我不客气！去吧，你现在要去工作啦！”

“天哪！我究竟惹了什么祸？”

瑛子忐忑不安地度过了一个漫长的白天。

晚上打烊以后，山庄会议室里举行餐饮部全体员工大会。

宋部长讲话："员工们，我初来乍到，对谁都没有恩恩怨怨。今天早上，有一个员工借故到我的办公室，对我指手画脚，建议我不要喝桶装水。岂止是建议？简直就是命令嘛！还说什么我天天喝的桶装水'衰老'了。奇怪？水，还会衰老吗？现在，当着全体的面，我要让她把话说明白。余瑛，来了没有？"

瑛子慢慢站起来，没有吱声。

"有请余瑛上前来，快上来吧。"

众目睽睽之下，余瑛咬着下嘴唇，走上前。她想到了这些日子在豆豆小屋学到的一些常识，觉得自己没有过错。

"讲就讲！"瑛子倔强地仰起头，看了看几十名员工，开口说，"兄弟姐妹们，事情的经过是这样的。今天早上……"

宋部长打断话头，脸上显露出不好捉摸的笑意，还称呼着余瑛的小名，口气缓和地说："瑛子，经过就别讲了，直接给大家讲讲，水，能衰老吗？为什么不要我们喝桶装水？"

"这是我的一个中学生妹妹告诉我的道理……"瑛子慢慢讲起来：

“以前呀，我一直以为，只有动物和植物会衰老。其实呀，水，也会衰老的。你们知道不？衰老的水，对人体健康有害呢！科学家研究过了，水的分子呀，一环扣一环，像链条一样，是链状结构。水如果不经常受到撞击，也就是说水不经常运动，这种链状结构就会不断扩大，延长，就变成死水。死水，这就是衰老了的老化水。

俗话说‘流水不腐’。流动的水，就不腐烂嘛……哦，错了错了，流动的水就不腐败。

现在呢，许多桶装的瓶装的纯净水，从出厂到饮用，中间常常要存放好长好长一段时间。

桶装的，瓶装的，这些饮用水呀，被静止状态存放超过 3 天，就会变成衰老了的老化水，就不可以饮用了。这是有道理的嘛。

宋部长办公室我经常打扫，那桶水静放了多少天？还不腐败吗？

我在镇上的报栏里看过一篇资料，那上面告诉我，小孩子们如常饮用存放时间超过 3 天的桶装或瓶装水，就会使细胞的新陈代谢明显减慢，影响生长发育；而中老年人常饮用这类衰老的桶装或瓶装水，就会加速衰老。

有一篇专家写的文章说，近年来，许多地区食道癌呀，胃癌呀，发病率增多了，可能与饮用储存较长时间的水有关。

我的中学生妹妹，噢，大家认识的，就是豆豆小屋的晶晶，她做过水的衰老试验。”

说着说着，瑛子掏出了一个小本本，看着上面记下的一些数字继续说：

“晶晶同学检测了刚刚提取的姑姑山的溪流水，每升水含有的亚硝酸盐是 0.017 毫克。但在室温下储存了 3 天，亚硝酸盐就上升到 0.914 毫克；原来不含亚硝酸盐的水，在室温下存放 1 天后，每升水也会产生亚硝酸盐 0.000 4 毫克，3 天后可以上升到 0.11 毫克，20 天后就高到 0.73 毫克。哎呀，你们都晓得的呀，亚硝酸盐可以转变成致癌物亚硝胺的呀！

晶晶同学又请教了她的化学老师，老师告诉她，对于桶装水‘纯净水’，想用呢，就用一点儿，不用呢，就长期存放着不理睬它。这种不健康的饮水习惯，对健康没有一丁点儿好处呢。

宋部长，我讲得对不对，不知道。可是，我琢磨着，这道理谁都明白的呀。

完了。我的话说完了。您哪，炒我的鱿鱼吧。”

没想到，刘总经理不知道什么时候坐在下面了，一边拍巴掌，一边哈哈大笑着说：

“啊呀！我们的反恐怖英雄，谁敢炒你的鱿鱼呀？”

坐在前排的宋部长早就按捺不住满意的笑容了，这时站起身来，一把拉住瑛子的胳膊，笑道：“你这个老实的妹子，谁说要炒你的鱿鱼了？大家都像你这样爱学习、肯钻研，咱们姑姑山庄还愁没有大发展吗？员工们，让我们鼓掌，向余瑛学习！”

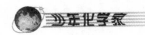

“啪啪啪啪……”

宋部长又对瑛子说：“今天算是开个玩笑啦。瑛子，我早上的表情把你吓坏了吧？”

瑛子笑了笑，低下头，两手指捻着衣角，坦率地点点头。

员工们恍然大悟，刚才宋部长的阴沉沉的脸色，冷冰冰的开场白，原来是虚晃一枪啊。

宋部长解释说：“如果我不开个玩笑，今天的经验交流会，大家能这么专心地听吗？”

刘总站起来说：“我代表经营部宣布，从明天起，余瑛担任餐饮部大堂领班，专责监督餐饮部各部门的科学饮食配置，还要协助宋部长搞餐饮部管理。希望余瑛再加把劲！”

19 这有毒那有毒

进入8月中旬，姑姑山区连降暴雨，山洪暴发，引发了泥石流，冲毁了一些农田。

更可怕的是，山洪冲毁了山涧一座桥梁。

据旅行社统计，失踪两人。

当地武警部队立刻展开搜山施救，不幸的是，搜救部队又有一名战士失踪。

万幸的是，经过3天3夜搜寻，3名被困人员终于在一座岩洞里找到，被紧急送到姑姑山庄。

这是一天中午。

山庄外，大雨滂沱。一楼客房里，被折腾得筋疲力尽3名获救的男子，全身酸软地躺在床上。他们已经整整3天没有吃过食物了。经过紧急输液，刚刚缓过神来，等待着美美地饱餐一顿。

服务小姐推着餐车进了房间，3人一看傻眼了——这点儿东西够谁吃啊？饭菜简单得没法说：3小碗稀饭，3只苹果，3小碗大白菜，1小碗咸萝卜。

这就是说，他们每人只能就咸萝卜和大白菜，喝一小碗稀饭，吃一只苹果。

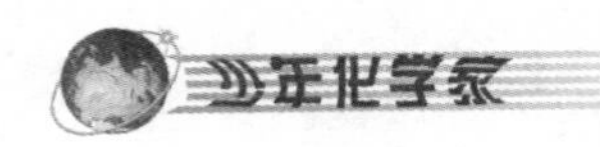

兵哥哥首先不高兴了，有气无力地问服务小姐："就给我们吃这点儿东西呀？还有吗？"

"没有了，这就是你们的中餐。"服务小姐回答。

反正是饿极了，3 个人没等服务小姐离开，狼吞虎咽吃完了。

现在，他们稍稍有劲了，说话的声音也大了，加上有意见，吐出来的话带着呛人的火药味：

"什么态度？这么吝啬干吗？"

"旅行社难道没钱给你们吗？"

服务小姐耐心地解释说："各位，对不起，我们是按照领班的指令给你们配的午餐。领班交代说，你们刚刚脱险，不能一下子吃得太多。"

"这我知道，免得伤胃。"一位年长一点儿的旅客说，"可是，你们能让冒着生命代价抢救我们脱险的解放军同志饿着肚皮吗？最起码也应该给只鸡蛋让我们的战士补补身子呀。"

年轻一点儿的旅客接着说："还应该给点儿鱼和肉补充营养。你这位小姐不知道呀，这位解放军战士已经很虚弱了，你们怎能这样对待子弟兵呢？把你们的领班找来，我们要投诉。"

门口进来了余瑛。

"各位中午好！我就是餐饮部领班，我叫余瑛。你们的午餐，是我特意安排的。"

余瑛说着，走到小战士床前，亲切地叫道：“这位解放军兵哥哥，能听我解释一下吗？”

一声“兵哥哥”，倒把这位战士叫得脸红了，他坐起身来，笑着说：“这么说，你是特意不让我们饱吃一顿啰？”

“是的。特意的。”

“为啥？”

“害怕你们中毒。”

“啥？中毒？”

“是的。不能让你们冒着生命危险吃东西。”

“吃啥东西中毒？”

“你们特别想吃的东西，鸡蛋，鲜鱼，鲜肉，吃了会中毒。”

3 个人不约而同地笑起来。

“领班小姐，开啥玩笑啊。我们又不是 3 岁的小孩子。”

“不是开玩笑，假如真的让你们大吃一顿，啊，到时候，我哭都来不及呢。”

“怎么？”年长的游客问，“姑姑湖遭污染了吗？还是养的肥猪有啥毒？”

“你们误会了，我是害怕你们饱餐一顿以后，蛋白质中毒。”

那位战士惊讶得要从床上跳下来了：“你别吓唬人

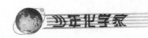

啦，领班小姐。我长这么大，从来没听说过蛋白质还会中毒呢。”

年长的游客说：“喂喂喂，你有没有搞错啊？蛋白质的知识，我还是知道一些的哟，哪有你这么说的？”

战士说：“是呀，蛋白质可是生命的基础呢。你可知道吗？19 世纪下半叶，恩格斯是这样对生命下定义的：‘生命是蛋白体的存在方式，这个存在方式的基本因素在于和它周围的外部自然界的不断地新陈代谢，而且这种新陈代谢一停止，生命就随之停止，结果便是蛋白质的分解。’恩格斯对生命的定义，在一定程度上揭示了生命的物质基础，这就是具有新陈代谢功能的蛋白体。100 多年来，这个定义一直指导人们认识生命。你怎么说蛋白质会中毒呢？”

“啊呀！战士同志，你的马列学习得真够好的！向你学习，向你学习啊！”余瑛笑了笑，突然转变语气说，“可是呀，我的兵哥哥，你只知道蛋白质的一面，不知道蛋白质的另一面呀。就像只夸奖水能养活生命，却不顾忌水还能淹死人一样，就像这次姑姑山山洪一样，不是险些要了你们的命吗？这样吧，我给各位讲一个故事吧，这是我的中学生妹妹讲给我听的。我相信，你们听完这个小故事，就明白我为什么吝啬，不给你们大鱼大肉吃了。”

与其说余瑛是讲故事，倒不如说她在背诵一篇别人写好的“课文”，这篇“课文”引用了一个真实的历史例证；尽管讲得并不怎么生动，但毕竟还是把道理说清楚了。

那是 1945 年 6 月，欧洲大陆，苏联红军解放了被法西斯德国蹂躏的大片土地，一部分关押在纳粹集中营里的囚徒获得了自由。

“红军乌拉（万岁）!”

囚徒们一个个欣喜若狂，跳跃着，相互拥抱着。特别是近千名犹太人，更是无法表达摆脱法西斯折磨的狂喜。

某国临时政府决定，给集中营里这些可怜的人们以盛宴款待。

是啊，长期的非人待遇，长期的饥饿寒冷，夺走了多少同胞脆弱的生命！从现在起，这些侥幸活了下来，并且幸运地迎来了反法西斯战争胜利的曙光的人们，再也不会受到这人间魔窟的折磨了。

他们狂饮大吃起来，尽情享受获得新生后的温饱。

可是，就在他们狂饮大吃之后，厄运又降临这些可怜人的身上，不少犹太人相继晕倒。

“呜哇——呜哇——”救护车一辆接一辆开进医院。

唉！面对近百名患者，医生们竟然没有回天之力，眼睁睁看着他们一个个死去。这些受苦受难的人们啊，好不容易从黑暗走向了黎明，却倒在了阳光灿烂的早晨。

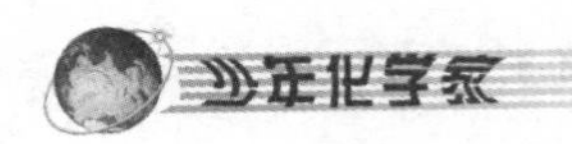

悲剧是什么原因造成的呢?

直到很久以后，专家们才做出科学的解释——由于吃多了高蛋白食物，引起“蛋白中毒”。

原来，要依靠胃蛋白酶等消化酶帮助，才能把蛋白质分解成氨基酸，送到身体各处，构成新组织蛋白质；老组织蛋白质“自动让位”，分解成氨基酸。不管哪种氨基酸，又都会分解出一些有毒的氨来。健康人的肝脏有分解有毒氨的功能，一般不会中毒。但是，较长时间挨饿的人，或者患有肝病、肾病和尿道疾病的人，吃了大量高蛋白食物，血液中的氨会特别多，大大超过了肝脏的解毒能力，就会出现中毒症状。如果氨随着血液进入脑组织，会使脑组织缺乏能量，造成全身代谢停止，轻则昏迷，严重的则造成死亡。

还有，蛋白质与糖和脂肪不一样。糖和脂肪多了，可以在体内存储起来，慢慢地供人体使用；蛋白质却没这本事，多余的蛋白质总要想方设法变成氨基酸，再变成有毒物质。这些有毒物质不能很快排出体外，就直接威胁人体健康甚至生命。

最后，瑛子掏出一张纸条给大家看。“你们看，这是我从互联网上摘抄下来的东西，所以呀，就‘克扣’了你们的‘营养’啦。”

这张纸条上写着几行工整的文字：

常用的每100克食物中，肉类含蛋白质10～20克，鱼类含15～20克，蛋含13～15克，豆类含20～30克（大豆含35～40克），谷类含8～14克。

蔬菜、水果含量极低，仅1～2克。

原来，瑛子在饭菜里克扣的营养，就是蛋白质呀。

暴雨停了。

误会解开了。

傍晚，宋部长听了汇报，连连说："好啊，好啊，证明我们的眼力好啊，没有看错人。"

正夸着呢，老厨师气鼓鼓地找到办公室来。

"宋部长，我这个组长干不了了。"老厨师说。

"怎么回事？"

"您最好下去看看吧，余瑛检查厨房的工作，胡说八道呢。这也有毒，那也有毒，叫我们怎么干活啊。"

宋部长和老厨师来到厨房。

除了余瑛以外，中学生瞿晶晶也在场。厨房里的帮工们正在嘀咕着什么，看那表情，像是发生了什么事，他们极不情愿地干着不愿干的活儿。

见老厨师把宋部长请了来，几个工人抬来一只彩釉大坛子，是满满一坛子泡酸大白菜。

"您看，宋部长，这坛子酸菜，余组长说要报废扔掉。”一位女工说，“多可惜呀，3 年的陈汁老酸水，还不算几十千克的白菜心。”

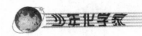

余瑛说：“宋部长，我正在履行自己的职责。请您指示。”

宋部长问：“她呢，这位中学生姑娘。”

“她是顾客，今天晚上陪她舅舅在山庄用餐。”

“噢，对不起，晶晶姑娘，你今天是这儿的上帝。”宋部长毕竟是干部，很知道老幼无欺的经营之道。

“宋阿姨，您好!”晶晶礼貌地迎上前，欠了一下身子，“我可不是故意找茬，请您相信。这儿的工作，的确有漏洞。”

“欢迎提意见，保证闻过则改。”宋部长认真地说，“何况，你爸爸的豆豆小屋，也是我们山庄的一部分。这样看来，咱还是一家人呢。”

“宋阿姨，这坛酸菜的确不能再吃了，含铅量严重超标。”晶晶说，“您是这方面的专家，一定明白这个道理。”

宋部长又看了一眼那只硕大的泡菜坛子，脸马上沉下来，问老厨师：“你们一直在使用这只彩釉坛子做泡菜吗?”

“是的。”

“多久了?”

“3 年多了吧。”

宋部长脸色陡变："我的天！整整3年！3年间让食客吃这里的泡菜？你们……你们竟然不知道这样做的后果吗？全部毁掉！你们部门的负责人，要写检讨。假如发生了中毒食客投诉，就要严办责任人！执行吧！"

在场的人，除了余瑛和晶晶，全都吓坏了。

这是怎么回事?

宋部长气冲冲走后，晶晶给他们讲了一个小故事和一些道理。

1970年，加拿大有一个幼儿，每天吃装在彩釉瓷壶里的苹果汁，不到两个月生病死了。医生查明，幼儿的死与重金属铅有密切关系。

铅是从哪儿来的呢？最后查到盛装苹果汁的彩釉瓷壶。由于苹果汁是酸性的，是酸把彩釉里的铅溶解出来，造成幼儿铅中毒死了。

其实，彩釉里还有镉、锰等有毒的重金属。这些毒物怎么会在美丽的彩釉里呢?

原来，烧制彩釉的五颜六色的颜料，是由色料和助熔剂混合后烧制而成的。色料又是由含有重金属的化合物组成的，助熔剂一般用铅的化合物。把色料和助熔剂混合，画在碗、盆、壶或者坛子罐子的瓷坯上，经过烧结，这些东西上就有了许多美丽的图案。

一般说来，普通食物不会使这些图案退去。但是，如果受到酸性食物的浸泡，彩釉里的铅、镉、锰等有毒元素就会慢慢被溶解出来。这些有毒的东西“躲藏”在饮料或食物中，人经常吃这些食物，饮用这些饮料，慢慢地会引起重金属中毒，人就要生病了。

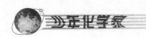

知道了这些，在用彩釉瓷器时，千万不要把酸梅汤、食醋、苹果酱、泡酸菜等酸性食物长期存放在容器里。

最有声望的老厨师听完晶晶的介绍，吓出了一身冷汗，惊叫道：“乖乖！这么大一坛子酸菜，该要放倒多少人哪！”

晶晶讽刺地加了一句：“还说是3年的酸水呢。里头该溶解了多少铅呀？人吃了这种泡菜，哼，发生集体铅中毒，死一大批人，整个山庄的人呀，怕全都要坐牢，杀头的！”

孩子毕竟是孩子，她只能这样想象后果的恐怖。

最后，大家一个劲地嚷嚷：

“啊，多亏小姑娘提醒！”

“救命的小菩萨哟！”

20 聪明孩子干的傻事儿

俗话说："智者千虑，必有一失。"别以为这个故事里的4个孩子都是什么天才，他们和你一样，都是孩子呀，自然也少不了干出傻事儿来。这不，平均得很，一人干了一件傻事儿，到后来还互相保密呢，生怕同伴知道了不好意思。

古大明煮了一锅"傻稀饭"，雷剑买了一次"傻苏打"，朱克美蒸了一次"傻馒头"，而小化学家瞿晶晶呢，差点儿做了一次"傻观众"！

先说班长古大明煮的"傻稀饭"吧。

大明的奶奶生病住院了，胃口不好，只想吃点儿稀饭。妈妈给奶奶煮了一小锅不太稠的稀饭，让大明送到医院去。

奶奶吃了好久才吃完。

"奶奶，是不是稀饭煮得不稠？"大明孝顺地问。

奶奶笑笑说："没啥，奶奶能吃，只是胃口不好。"

大明猜想，只怕是奶奶不愿意麻烦妈妈，不好意思说。

第二天，大明动手给奶奶煮稀饭时，特意往里边加了糖。他本来想，今天的稀饭一定比妈妈煮得黏稠，加了一点儿糖，糖溶解后，可以生成葡萄糖链，这样，“链条”就能把饭粒连接起来。可是，等他把稀饭送进病房一看，稀饭成了水泡饭了，成了名副其实的“稀饭”，水是水，饭粒是饭粒。这小锅稀饭，奶奶硬是没吃完。

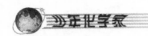

大明伤心了，噙着泪水回了家。怎样让奶奶吃上又稠又有滋味的稀饭呢？可把他急坏了。

妈妈知道了，简直笑出了眼泪，说：“你呀，书呆子，稀饭里头哪能加糖呀？别急，我有办法让奶奶吃上又稠又有滋味的稀饭。”

啊，妈妈真有手艺，在煮好的稀饭里加上奶奶最爱吃的涪陵榨菜，稀饭又稠又香，味道也好。奶奶一口气就吃完了。

为什么稀饭加了糖会变得更稀，加了涪陵榨菜就变稠了呢？

妈妈说不出道理来，只是说，许多妈妈煮稀饭都是这样做的。大明只好打电话请教晶晶。当然，他没有给晶晶说出自己煮“傻稀饭”的经过，只借口说随便问问。

晶晶告诉他说，大米的主要成分是淀粉，当它被煮成稀饭后，大米中部分淀粉的细胞就会破裂，淀粉浆流了出来，就黏黏糊糊了。不过，仍然有部分细胞没有破裂，只是吸水膨胀。稀饭加进糖以后，不能渗透进淀粉细胞里。这样，淀粉细胞外的浓度比较高，这时，细胞内原来吸收的水，就有一部分透过细胞膜向外渗出，淀粉细胞变小了，稀饭当然就更稀了。涪陵榨菜里有很浓的盐分。食盐的化学名称是氯化钠。往稀饭里加进食盐后，氯化钠分子就能渗透进淀粉的细胞，这样，细胞内的浓度大于细胞外的浓度，水分就往细胞内渗透，稀饭就显得稠一些了。

大明听了悄悄笑话自己，这里边的道理不复杂嘛，为啥不先学习点儿知识，再煮稀饭呢？

“喂，大明。”晶晶开玩笑地问他，“你怎么突然问这个问题呀？是不是想做个小‘家庭妇男’呀？”

大明只是“嘿嘿”笑着，遮掩过去了。

雷剑的傻事干得好玄乎，差点儿要闹到镇广播站去了。这是怎么回事儿呢？

原来，他家住的临时拆迁房子地上有点儿潮，爸爸请了几个朋友，在家铺了一层碳渣石灰。他爸爸的这几个朋友都是北方人，吃惯了面食。他妈妈就让他到化工商店买一包苏打，想晚上发面，明天早上让这些朋友吃一顿馒头。

这是中午时分，雷剑急匆匆到了化工商店，机关枪似的对卖货的人说：“快，买一包苏打，我家在装修，做面粑。”

卖货的人耳朵背，只听到这孩子说“装修”，把后面的“做面粑”听成了“做棉纱”。没再说什么，就给了他一包苏打。

走在路上，雷剑想，这么早回家去干吗？家里做地坪，闹腾得他啥事儿也干不成。干脆，到大明那儿下几盘棋再说。就这样，雷剑没有立刻回家。

雷剑走了以后，化工商店那人突然紧张起来，问身旁一个小伙子店员：“喂，刚才那猴子小孩买苏打回家干啥？”

小伙子说：“他说‘做面粑’。”

那人一拍脑门，紧张起来：“哎呀！糟了！我给了他苏打！”

小伙子说：“对呀，那孩子要买的就是苏打，没错呀。”

“我把‘做面粑’听成了‘做棉纱’啦！糟啦！糟啦！”那人急得团团转，“得赶快把那孩子追回来！”

小伙子一想，惊叫起来：“哎呀！苏打怎能做面粑呀！要惹大祸了！”

老板和打工仔两人赶快追出门，可哪儿看得见躲进同学家里下棋的雷剑呀。两人只好骑上自行车，到小镇各家各户去追寻这包要人性命的苏打。

这是怎么回事呢？

现在要说说有趣的“三苏”了。

爱好古诗文的少年读者都知道，我国唐宋古文八大家，都是文章盖世的大文豪。8人当中竟然有3人是一家父子，人称“三苏”，在文坛上传为佳话。父亲苏洵 27 岁才开始发愤读书，终于大器晚成，写的散文令人叫绝；小儿子苏辙散文成就也很高；大儿子苏轼更是出类拔萃，诗、词、文都“独步天下”，当时没有人能比得上。

有趣的是，化学王国里也有“三苏”，它们是苏打、小苏打、大苏打。当然，它们绝不是舞文弄墨之辈，而是金属钠的化合物。别看它们的俗名都有个“苏”字，其相貌没有共同之处，其作用更是风马牛不相及，各有各的专用。

苏打是碳酸钠的俗名，又叫纯碱，有时还叫碱灰，是一种白色粉末。苏打应用很广，是玻璃、造纸、肥皂、洗涤剂、纺织、制革等工业生产的重要原料。就拿造纸来说吧。造纸的原料主要是芦苇、松木、龙须草等植物。这些植物被机械切碎以后，必须靠苏打在高温蒸球里进行软化、去杂质、漂白等，才能使它们的纤维组织成为白汪汪的纸浆。

小苏打是碳酸氢钠的俗名，又叫重曹，是一种白色晶体。小苏打是焙制糕点、馒头所用的发酵粉的主要成分，是制造灭火剂的主要原料之一，也是治疗胃酸过多、消化不良等病症的主要药物。还有，我们夏天喝的清凉饮料里就有小苏打。不是吗？喝下汽水不大一会儿，我们就会打嗝，嗝气带走了身体的热，人就觉得凉快。这“嗝气”除了大部分是溶解在汽水里的二氧化碳外，也有一部分是碳酸氢钠与胃液起化学反应后形成的碳酸气。

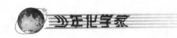

大苏打是含有5份水的硫代硫酸钠的俗名，又叫海波，是无色透明的晶体，可做照相定影剂和分析试剂，还可作为药物，治疗皮肤瘙痒、湿疹等病症。

化学王国里的“三苏”，虽然俗名只有一字之差，性质和作用并不完全相同，使用时要特别注意，不能混淆。否则，会产生严重的后果。

化工商店的人正准备到镇有线广播站广播查找，雷剑却在古大明陪同下，主动前来换货。原来，是在下棋间隙的交谈中，大明发现了雷剑的错误。

事后，雷剑恳求大明说：“大豆，这事儿别让我爸妈知道。”

“好。”

“也别让老克知道。”

“那当然，”大明拍胸说，“不然，那丫头嗓门又大，不把你的傻瓜事儿拿在班上当歌儿唱才怪呢。”

他俩防着老克，哪知道呀，朱克美也干了一件傻瓜事儿呢。

她那雷脾气的妈妈恨不能把她给生吞了！

事情是这样的。克美的妈妈卖油炸臭豆腐干，生意越做越大，用油量也大了；还有，许多人买了油炸臭豆腐干后，要用塑料袋带走，塑料袋的用量也大了。

“克美，去买一包塑料袋，再买一壶豆油回来。”妈妈交代说，“我等着用。”

克美抄起家里的一只塑料油壶，带上钱，就骑上自行车到镇上去了。

一壶豆油买到手，她到了塑料店，看到一大包塑料袋价格要便宜一些，就买下回到“臭又香”门面。

这时是傍晚，正是人们乘着凉爽上山吃夜市的时候，她妈妈和她忙乎得不亦乐乎。

突然，卫生管理所的一男一女两名稽查人员来到这里，拿着一袋顾客买去的臭豆腐干问：“这是你们刚才卖给顾客的食品吗？”

“是啊，怎么了？”妈妈一边回答，一边往一只塑料袋里装着10块油炸臭豆腐干，得意洋洋地说，“我的臭豆腐干绝对真货。不信，这边有显微镜，可以看见里面的酵母菌……”

妈妈的话还没说完，那男的大盖帽训斥道：“你们就用这种塑料袋包装高温食品吗？就用这种塑料桶盛豆油吗？对不起，你违反了食品卫生管理条例，要罚款。”

妈妈愣了，仔细一看克美买回的塑料袋，简直要气昏了，当场就高声吼叫起来：“我的小祖宗啊，你看看你……你买回来的好‘灾星’塑料袋！”

那女大盖帽冷笑着说：“哼，母女俩演双簧了不是？晚啦，交罚款，200块，塑料袋和这一塑料桶的油全部没收！”

得！白白损失 200 块，两天的油炸臭豆腐干算是白干了。

大盖帽走了以后，妈妈一直吼叫得克美哭肿了眼睛，直到爸爸回来解劝，才算罢休。

事后，克美从书本上知道自己傻在哪儿。

今天，塑料已经应用到各个领域，也有不少用于食品包装。常用的塑料，按有无毒性来考虑，可以分为 3 类：无毒的，如聚乙烯、聚丙烯等；低毒的，如聚苯乙烯、密胺等；毒性较大的，如聚氯乙烯等。因此，国家对塑料工具盛放食品有严格规定。

以塑料袋为例。用聚乙烯、聚丙烯制成的塑料袋比较柔软、透明，并稍带乳白色，可以用来包装食品。用聚氯乙烯制成的塑料袋或塑料薄膜厚，而且硬，透明并带黄色。包装其他物品的塑料袋或塑料膜，一般都是用聚氯乙烯制成的，因此，不能用来盛放食品。

克美买回来的塑料袋，就是聚氯乙烯制品。

用塑料容器盛放食油和酒，则更不符合卫生要求。即使无毒性的塑料，里面也含有一定的有毒物质。比如增塑剂，一般都是有毒物质，它们在水中的溶解度是比较小的，但在油脂和酒精中有机溶剂的溶解度就比较大。像增塑剂中的邻苯二甲酸酯，对人体的血液、细胞和代谢作用，都会产生不良影响。

怎样鉴别塑料袋有毒无毒呢？有 3 种简便方法：

一、把塑料袋置于水中，按进水底，浮出水面的是无毒的，沉进水底的是有毒的。

二、用手触摸塑料袋，有润滑感的是无毒的，有发黏感的是有毒的。

三、抓住塑料袋，用手抖一下，声音清脆的是无毒的，否则是有毒的。

克美找到晶晶哭诉着说："我当时买塑料袋，只图便宜，为什么没有好好鉴别一下呢？怪我太傻了。"

晶晶安慰了好半天，克美才止住了哭声。

晶晶约克美去逛街，想让她开心一点儿。

明晃晃的月亮照在姑姑山的休闲广场上，人们三三两两在散步。喷水池那边的一座大帐篷里，走出来好多大人和孩子。随后，大帐篷里的灯光熄灭了。

"那里在干什么？"克美问。

晶晶回答说："外边来的一个气功武术学校招生，还现场表演气功节目呢。"

"什么气功武术，哼！全是骗人的。"克美不屑一顾，继续往前走。

晶晶一把拉住克美说："哪能全盘否定呀，这些气功武术教练还是有点儿本事的。"

"你怎么知道？"

"昨天晚上我看过的。"晶晶啧啧赞叹说，"我从来没见过这么有本事的教练。"

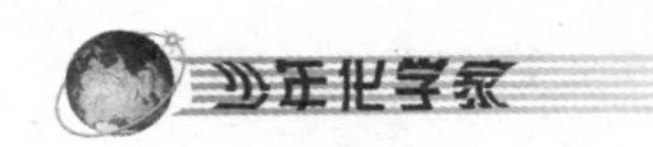

听晶晶这么说，克美不再“全盘否定”了。在她的心目中，晶晶的知识扎实，仅仅这个暑假，她干得多棒啊。于是，克美拉着晶晶坐在花坛旁边，关心地问：“他们都有什么本事？”

晶晶说：“我只说一件本事吧。那个女教练打破了一只小瓷碗，然后呢，众目睽睽之下，像吃锅巴似的，把那些碎瓷全都吃下肚子里了！你说，那功夫！嘿！多棒！我算是开了眼界了……”

“等等！”克美打断了晶晶的描述，若有所思，“晶晶，这情景好熟悉，好像在哪儿见过，还是在什么时候听说过？”

克美的一句话引起了晶晶的警惕：“怎么，这些人难道要了什么手腕？是江湖骗子？”

一句“江湖骗子”提醒了克美，她说：

“对啦！我想起来了，电视里放过这个节目，中国科学院院士揭穿的一个骗局中，就有‘吃碗碴’的内容。”

“那女的吃的不是碗碴？”

“绝对不是！”

“那是什么东西呢？”

克美想了好半天，没想起来。她突然站起来，随手拉起了晶晶，说：“我们进帐篷瞧瞧？”

“好咧！不入虎穴，焉得虎子？”晶晶说，“我有一只钥匙手电筒。”

两个孩子猫着腰钻进了黑暗的大帐篷，从广场透过来的灯光虽然不很明亮，却能看得清成排的凳子和小小的舞台。

她们摸上小舞台，没碰见一个人。这些教练大师们有可能消夜去了。

她们在铺着帆布的地板上，看见了一汪白花花的粉末。

晶晶高兴了，小声说："对，这就是女教练吃碗碴的地方，这些东西一定是不经意撒在地上的。"

克美小声催促说："快，捧起来。"

两个孩子回到豆豆小屋的后院，大明和雷剑随后也来了，身后还跟着派出所的张帆和姑姑山庄的保安队长冯立军。

晶晶的爸爸妈妈把他们迎进后院，打开了灯和电扇，然后给大家抱来一小桶新鲜豆浆，就坐在旁边不吭声了。

"你们这是怎么了？"晶晶奇怪地问，"怎么这样整齐，这么严肃，还有警察哥哥。"

张帆穿着短袖便衣，向大家表明来意："我们所里的同志怀疑，这个气功武术学校招生是个骗局，可是，又抓不着把柄；我们把怀疑的意见向镇里汇报了，想争取工商、城管、文教几个部门同时管管，可是，没有得到批准。"

瞿老师说："没说的，这伙人一定给镇上的头头脑脑进贡过了，打通了关节。”

“有保护伞！”晶晶的妈妈补充说。

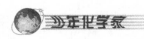

张帆接着说：“明天上午，他们还要搞一场气功武术表演，而且听说当场收学员报名。不能再等了，我想请教你们几个弟弟妹妹，明天来他个针锋相对，戳穿他们的鬼把戏。只有你们能行。这个暑假，你们干得多漂亮！”

孩子们没有马上说话。院子里暂时静下来。

冯立军说：“小张，你断定他们在骗人？”

“猜想，我猜想是这样的。”张帆说，“我昨天看过他们的表演，我来说说他们的几个节目……”

“不用说了。”晶晶突然开口说话了，“昨天我也看过他们的表演，还信以为真呢。不过，刚才，在克美的提醒下，我醒悟了。这不，我和克美刚刚弄来了瓷碗碎粉。”

克美突然说：“晶晶，想起来了！科学院院士说过，他们咽下的叫海螵蛸，俗称乌鱼骨。乌鱼骨的硬壳去掉以后，远远看去跟碗碴差不多，鱼目混珠，拿起来就能把它吃掉。它不像碗碴那么硬，所以嚼起来像锅巴一样，脆嘣脆嘣的。”

现在，海螵蛸的粉末就在桌上的手帕里，怎样验证它是假瓷碗碴呢？

晶晶毕竟办法多，她说：“烧！”

这一烧，粉末全都变成了黑炭，发出难闻的臭味。

“这不得了！”克美说，“真正的瓷碗，是瓷土做的。瓷土是无机物，一片瓷碗碴直到烧红了，还是红彤彤的，像铁块一样；可是，这东西，哼！碳水化合物，经不住一烧嘛。”

晶晶后悔得不得了，跺脚说：“我还信以为真，做了一回傻观众，真不该。呸呸呸！”

晶晶无意间带了一个头，其他人呢，都不好意思地说出了自己干的傻事儿。

一时间，小院里洋溢起一阵又一阵轻松的笑声。

接下来，他们认真分析了这个气功武术学校几个骗人的“节目”，并且一一做了试验，证明全是假的。

最后，张帆说：“弟弟妹妹们，明天上午，我们大家就这样……”

已经是深夜了。

孩子们一个个兴奋不已，摩拳擦掌。他们盼望黎明早些到来，盼望在新的太阳升起的时候，又书写一个新的奇特故事。

21 针锋相对

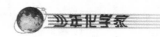

太阳快要越过姑姑山巨大的山影，把热火喷向喷水池这片阴凉的平地时，气功武术学校大师们的绝活表演完了。

观看表演的大人孩子走出了热烘烘的帐篷，三五成群，叽叽喳喳议论着看见的奇特功夫。

“真厉害呀！水里头还能点燃火！”

“可不，谁见过玻璃棍也能点燃冰块，烧那么大的火！”

“那位大师功夫真棒！向蜡烛吹口气，蜡烛就燃起火苗来了！”

“气功大师运气，两手掌还冒白烟呢！”

“把瓷碗碴都嚼碎啦，好厉害的牙齿呀！”

这时，在喷水池广场的阴凉处，一座小台子吸引了人们的注意，人们纷纷好奇地围了过去。

台子上，音箱播放着音乐。

孩子们在广播里吆喝：“各位乡亲父老，少年气功武术在这里恭候大家多时啦！我们的气功武术表演，和你们刚才看见的气功武术学校的表演节目一模一样，请大家光临呀!”

有人认识这些孩子，高声叫起来：

“哎呀！是咱姑姑山的学生娃娃!”

“那不是抓坏蛋的小英雄晶晶姑娘吗?”

“这些孩子也会气功武术啊?”

“走，看看去!”

远处，几个“大师”走出来，站在帐篷外边看着这边的热闹。

张帆用手一指大帐篷里出来的“大师”们，警觉严肃地对冯立军说：“冯队长，带上你们保安队，将他们控制起来，一个也不许漏掉!”

冯立军手一招：“弟兄们，跟我上!”

保安们“呼啦啦”围了过去。

这边，观看孩子们表演的人们没有察觉那边发生的情况，兴致勃勃地看着台上孩子们的“气功表演”。

克美充当报幕员：“第一个气功绝活——运气生烟。”

走出来身穿大红运动衫的古大明。

只见古大明以静气功站立式静立一会儿，随后慢慢地将两手徐徐向前抬起至肩平，手心相对。过一会儿，两手慢慢向内合拢。突然，人们看见他两手间开始冒出许多白色气体。两手掌靠得越近，产生的气体越多，当两手逐渐分开时，气体则越来越少。

这神奇的“气功”表演立刻博得“哗哗”的掌声。

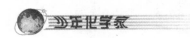

古大明突然收功，哈哈大笑说：

"各位长辈，小同学们，刚才，你们看的气功表演是不是这样的呀？"

"就是的！一模一样！"

"孩子，你修炼了多长时间哪？"

没料到古大明哈哈大笑起来："哎呀！就早上修炼了几分钟。"

"什么？"人们惊诧了。

古大明说："骗人的！魔术！"

接下来，古大明通过话筒破解了这个把戏：

"其实，真正的气功为强健体魄，解除人们的病痛带来了福音。可是，利用化学反应，也能起到以假乱真的效果。

想必大家一定很想知道那边的'气功大师'是怎样'发放外气'的吧！'气功大师'在'发功'之前，先取用两小块双面胶粘纸，将它们分别贴在自己的左右手心上，然后取了少量与皮肤色相近的棉花粘在手上的胶粘纸上，并且压平了。以后呢，分别在棉花上滴上少量的浓盐酸或浓氨水。准备工作完毕，就可进行外气发放啦！

这是啥道理呢？

我们知道嘛，浓盐酸和浓氨水相接触，就会生成氯化铵固体，大量的氯化铵固体小颗粒悬浮在空气中，就产生白烟。白烟，就是那边'气功大师'手掌发出来的

‘外气’!”

人们惊叫起来：“原来是骗人啊!”

接着，小个子雷剑表演了“运气点蜡烛”。

只见雷剑手里拿一支蜡烛，故意让观众看看，让观众相信这是一支普通蜡烛。然后把蜡烛插到蜡台上，他装模作样“运气”后，对准蜡心吹了一口气，蜡烛就燃烧起来了。

观众们又惊叫起来：“啊，刚才帐篷里就是这样表演的!”

一个中学生问：“小哥哥，这也是假气功吗?”

“当然是假的。哈哈！化学小魔术!”雷剑回答。

原来，在表演之前，作假者将蜡烛芯松散开，滴进些溶有白磷的二硫化碳溶液。因为二硫化碳液体是极易挥发的物质，表演“气功”的人吹口长气，使其挥发速度进一步加快了。当二硫化碳挥发完了，烛芯上只剩下极为细小的白磷颗粒。白磷与空气中的氧气发生氧化反应并产生热量，当温度升高到35℃时，白磷就自行燃烧，随之就把烛芯引着了。

朱克美表演了“信息水”点燃纸片的“绝活”。

只见她手中拿着一张白纸，特意对着观众晃了两下，表示这是一张普通白纸，然后，她将这张白纸一层一层地折叠起来，对着观众说：“各位，我也能像那些‘大师’一样，用水将这张白纸点燃。还是和他们一样，请哪位给一点儿喝的水。”

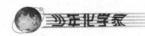

一个小胖子男孩说：“刚才，那位大师用的就是我的水。她发功，说这是‘信息水’。”

他边说边取出自己的喝水杯，装上一杯“信息水”，给了朱克美。

朱克美将手中的那张白纸往这杯水中轻轻一点，这张白纸果然熊熊地燃烧起来了。

“这回是真的吧？‘信息水’真的有神力呢！”一位妇女说。

另一位妇女粗鲁地说：“放屁！哪有这种怪事情！”

“是咱姑姑山的水特别吧？”

“不是的，各位，还是化学魔术！哪是什么‘信息水’呀！”

原来，朱克美手中拿的那张白纸上事先已粘上一小块金属钠，因为金属钠是白色的，所以台下的观众是不易看见的。她将白纸折叠几次，是为了将这块金属钠包在中间，防止金属钠在空气中被氧化了。

金属钠非常活泼，遇见了水，就会发生激烈的化学反应，生成氢氧化钠和氢气。同时，这个反应放出大量的热，使纸的温度迅速升高，并马上达到燃点，同时放出氢气，在氢气燃烧之时，纸也跟着燃烧了。

晶晶上来表演“运气”给玻璃棍，然后用它点燃冰块的“气功绝活”。

晶晶一向腼腆，表演“运气”时，忍不住笑了。下面的爷爷奶奶提醒她说：“姑娘，做气功别笑呀！会走火入魔的！”

晶晶“咯咯咯”笑个不停，说：“假的，我假装嘛，学那些大师的模样。”

有人等不及了，说：“姑娘，你就不运气了，直接点冰块吧，看看能把冰块点燃不？”

晶晶干脆直接演示起来，一边演示一边讲解。

“你们一定觉得稀奇吧？佩服那些‘大师’吧？冰块还可以燃烧起来，不用火柴和打火机，只要用玻璃棒轻轻一点，冰块就立刻燃烧起来，而且经久不熄。你们看我怎样作假的吧。”

晶晶先在一只小碟子里倒上两小粒高锰酸钾，轻轻地把它研成粉末。然后，滴上几滴浓硫酸，用玻璃棒搅拌均匀。

“其实呀，”晶晶解释说，“蘸有这种混合物的玻璃棒，就是一支看不见的小火把，它可以点燃酒精灯，也可以点燃冰块。不过呢，看，我在冰块上事先放上一小块电石，这样，只要用玻璃棒轻轻往冰块上一触，冰块马上就会燃烧起来了。”

果然，冰块燃烧起来。

晶晶仔细地向大家讲了这样的道理：

冰块上的电石，化学名称叫碳化钙，它和冰表面上少量的水发生反应，这种反应所生成的电石气（化学名称叫乙炔），是易燃气体。由于浓硫酸和高锰酸钾都是强氧化剂，它足足能把电石气氧化，并且立刻达到燃点，使电石气燃烧起来。另外，由于水和电石反应是放热反应，加上电石气的燃烧放热，更使冰块融化成的水越来越多，所以电石反应也更加迅速，电石气产生的也越来越多，火也就越来越旺。

人们简直听入了迷，看入了迷。

这时，大家纷纷提出要求，让孩子们表演吃瓷碗碴。

这时，孩子们从塑料袋里掏出一摞白瓷碗，发给台前的人们。他们一边分发，一边说：

“请大家尝尝吧，这就是那些‘大师’们表演时吃的类似的东西。”

哈哈！大伙乐了。

“啊，好甜哪！”

“原来是年糕啊！”

晶晶说：“我们来不及准备让大家吃乌鱼骨的‘瓷碗碴’，就委屈让大家吃年糕‘瓷碗碴’吧。”

人们明白了。

姑姑山人有山里人的脾气——人们火了。

人们愤怒地叫嚷着。

人们无所顾忌地咒骂着，朝大帐篷奔去……